Das Prinzip Fortschritt

Werner Mittelstaedt

Das Prinzip
Fortschritt

Ein neues Verständnis
für die Herausforderungen
unserer Zeit

PETER LANG

Frankfurt am Main · Berlin · Bern · Bruxelles · New York · Oxford · Wien

Bibliografische Information der Deutschen Nationalbibliothek
Die Deutsche Nationalbibliothek verzeichnet diese Publikation
in der Deutschen Nationalbibliografie; detaillierte bibliografische
Daten sind im Internet über <http://www.d-nb.de> abrufbar.

Gedruckt auf alterungsbeständigem,
säurefreiem Papier.

ISBN 978-3-631-57527-7

© Peter Lang GmbH
Internationaler Verlag der Wissenschaften
Frankfurt am Main 2008
Alle Rechte vorbehalten.

Das Werk einschließlich aller seiner Teile ist urheberrechtlich
geschützt. Jede Verwertung außerhalb der engen Grenzen des
Urheberrechtsgesetzes ist ohne Zustimmung des Verlages
unzulässig und strafbar. Das gilt insbesondere für
Vervielfältigungen, Übersetzungen, Mikroverfilmungen und die
Einspeicherung und Verarbeitung in elektronischen Systemen.

Printed in Germany 1 2 3 4 5 7

www.peterlang.de

*Für Anna Smith und alle anderen,
die am 2. Januar 2054 geboren werden.*

»Wir werden nicht durch die Erinnerung an unsere Vergangenheit weise, sondern durch die Verantwortung für unsere Zukunft.«
George Bernard Shaw

INHALT

Einleitung 11

ERSTER TEIL
Das dominierende Fortschrittsmuster und seine Folgen

Ist die Welt heute besser, als sie es gestern war? 19
Einleitende Bemerkungen.................................... 19
Das dominierende Fortschrittsmuster................... 22
Globale zivilisatorische Rückschritte..................... 55
Neoliberalismus und Globalisierung....................... 74
Massenmedien.. 86
Viele Verlierer, wenige Gewinner........................... 92
Sicherheitsbedürfnisse, Ausgrenzungen und soziale Kälte 102
Das große Unbehagen... 109
Die Suche nach Sinn... 118
Ist die Welt heute besser, als sie es gestern war?............. 123

Fragen zur Zukunft des Fortschritts 127

Zweiter Teil

**Ein neues Verständnis
für die Herausforderungen
unserer Zeit**

Das Prinzip Fortschritt 131
Für ein neues Fortschrittsverständnis! 131
Fortschritt als Realität und die
Komplexitätssteigerung der Welt 136
Elementare Prämissen für ein
nachhaltiges Fortschrittsmuster 143
Wahrnehmung und Verantwortung 158
Menschenrechte und Humanismus 163
Wir brauchen eine zweite Aufklärung! 169

Fortschritt, Authentizität und die Einheit des Lebens   187

Literaturnachweise 195

Dank 201

Einleitung

»Gesellschaftlicher Fortschritt ist nur über Minderheiten möglich, Mehrheiten zementieren das Bestehende.«
Bertrand Russell

Was ist gesellschaftlicher Fortschritt? Wie hat er uns verändert? Wohin führt er uns? Hat er ein Ziel, und was erwarten wir von ihm? Diese spannenden Fragen werden im Zusammenhang mit meiner These vom *Prinzip Fortschritt* behandelt.

Weil gesellschaftlicher Fortschritt zwangsläufig Veränderungen erzeugt und mit ihm unzählige Erwartungshaltungen verbunden sind, ist er für uns ein nie endendes Thema. Bedingt durch die drastischen politischen, gesellschaftlichen und ökonomischen Umwälzungen seit den frühen 1990er-Jahren, die eng mit dem Ende des Ost-West-Konfliktes verbunden sind, drängt sich heute die Frage nach der Richtung des Fortschritts vehement auf. Das hat gute Gründe, denn sie ist völlig unscharf, widersprüchlich und für viele Menschen gar nicht feststellbar. Dadurch werden uns die Perspektiven auf kommende Entwicklungen erschwert, zumal sich die Dynamik der weltweiten Veränderungen mit großer Wahrscheinlichkeit noch viele Jahre fortsetzen wird. Diese Umstände tragen wesentlich dazu bei, dass sich die Industriegesellschaften des Nordens mittlerweile in einer Orientierungskrise befinden. Sie haben weder gemeinsame Ziele noch Visionen über ihre Zukunft. Wie der gesellschaftliche Fortschritt gestaltet werden soll und was wir von ihm erwarten, wird von den maßgebenden Institutionen bislang so gut wie nicht beantwortet. Was für die Gesellschaften als Ganzes gültig ist, trifft natürlich auch auf viele einzelne Menschen zu. Die überall anzutreffende Verunsicherung gegenüber der Zukunft hemmt viele Menschen, längerfristige Perspektiven aufzubauen bzw. für gesellschaftliche Fortschritte einzutreten. Allgemein sprechen wir in diesem Zusammenhang von fehlender Aufbruchstimmung zu Beginn des 21. Jahrhunderts. Aber wohin sollen wir aufbrechen, wenn uns keine gemeinsamen Ziele verbinden?

Umso verwunderter war ich bei den Vorbereitungsarbeiten zu diesem Buch, als ich herausfand, dass nur ganz wenige Bücher das Thema Fortschritt als zentrale These zum Inhalt haben. Zudem befassen sie sich überwiegend mit technischem und nicht mit gesellschaftlichem Fortschritt. Nur einige wenige amerikanische Autoren beschäftigten sich in den letzten Jahren mit gesellschaftlichem Fortschritt. Dieser Umstand trug dazu bei und erhöhte meine Motivation, mich diesem wichtigen Thema zu widmen.

Als das *Prinzip Fortschritt* bezeichne ich eine Denkweise, die erforderlich ist, um die besten Lösungen für eine Vielzahl schwieriger gesellschaftlicher Herausforderungen und Krisen zu finden. Sie orientiert sich an der Verantwortung des Einzelnen für die Verbesserung der Lebens- und Überlebensmöglichkeiten der menschlichen Zivilisation. Dafür werden Wert- und Handlungsmuster angeführt, die den Menschen nicht bloß auf seinen ökonomischen Nutzen reduzieren, sondern ihn teilhaben lassen an der Gestaltung einer zukunftsfähigen Gesellschaft. Ein veränderter Fortschrittsbegriff, der eine gelingende Zukunft im Fokus hat, würde den meisten Menschen auch mehr Sinn vermitteln als unter der bestehenden Ausrichtung des Fortschritts, die den dringend notwendigen Ansprüchen der nachhaltigen Entwicklung nicht gerecht wird. Um dies zu erreichen, müssen viel mehr Menschen Verantwortung für die Gestaltung eines nachhaltigen Fortschrittsmusters übernehmen. Dafür möchte ich eine Öffentlichkeit und ein breites Leserpublikum gewinnen.

Zu Beginn des Buches wird gefragt, ob die Welt heute besser ist, als sie es gestern war. Dadurch wird indirekt der gesellschaftliche Fortschritt hinterfragt, den immer mehr Menschen in unserer sich rasch verändernden und krisengeschüttelten Epoche vermissen. Unter Einbeziehung einiger historischer Aspekte und hochaktueller gesellschaftlicher Debatten zeige ich dann auf, wie die Länder und Kulturen der Welt Fortschritt erzielen wollen. In diesem Kontext gehe ich näher darauf ein, welche Alternativen zum bestehenden Fortschrittsmuster existieren, warum sie scheiterten oder sich nicht durchsetzen konnten. Das Thema Fortschritt und die Frage, ob die Welt heute besser ist, als sie es gestern war, wird dann in einem breiten Themenspektrum unter Berücksichtigung der wichtigsten gesellschaftlichen Entwicklungen der letzten Jahrzehnte detailliert behandelt. Dabei werden unter anderem die globalen Rückschritte der menschlichen Zivilisation, die Veränderungen in den Gesellschaften durch den Neoliberalismus und der fortschreitenden Globalisierung sowie die Rolle der Massenmedien betrachtet. Auch wird die Suche des Menschen nach Sinn und Beständigkeit angesichts der turbulenten Entwicklungen der letzten Jahrzehnte hinterfragt.

Nicht zuletzt aufgrund meiner Analysen teile ich die Feststellung vieler Intellektueller und Gesellschaftskritiker, dass das dominierende Fortschrittsmuster und die Strukturen des Kapitalismus seit langer Zeit viel zu viele Verlierer und nur wenige Gewinner erzeugen. Eine Schlussfolgerung meiner Analysen ist, dass diffuse Sicherheitsbedürfnisse, das Ausgrenzen von Menschen, die nicht zur sogenannten »gesellschaftlichen Mitte« gehören und die Zunahme sozialer Kälte immer mehr den Alltag prägen. Zudem existiert kein konsistenter Fortschrittsbegriff, sondern nur ein grobes Fortschrittsmuster, das sich im Wesentlichen aus Wirtschaftswachstum und wissenschaftlich-technischen Errungenschaften ableitet. Hierbei sollte es unstrittig sein, dass auf den lokalen und den darüber liegenden gesellschaftlichen Ebenen weder ein gemeinsamer Nenner besteht, noch Zielsetzungen und verbindliche Regeln vorhanden sind, die den

Fortschritt so definieren, dass er von den Bürgern als gemeinsames Ziel wahrgenommen werden kann.

Meine Thesen richten sich vehement gegen die vielerorts rücksichtslose Ökonomisierung nahezu aller Lebensbereiche durch das bestehende Fortschrittsmuster. Eines, das nicht dazu aufruft, Vernunft fast ausschließlich für ökonomische Zwecke zu instrumentalisieren, sondern gesellschaftlichen Fortschritt mit den Erfordernissen der nachhaltigen Entwicklung und gerechtem Ausgleich zwischen Arm und Reich verbindet, steht für das *Prinzip Fortschritt*.

Besonders in den letzten Jahrzehnten des 20. Jahrhunderts wurde es sträflich versäumt, Fortschritte zur Verringerung der Kluft zwischen Arm und Reich zu erzielen sowie zukunftsfähige und friedensfördernde soziale, ökologische und ökonomische Strukturen aufzubauen. Diese Versäumnisse sind zu einem beträchtlichen Teil die Ursachen für die vielfältigen Krisen und Katastrophen im noch jungen 21. Jahrhundert. Inzwischen wird uns aber immer bewusster, dass auch wir, in den wohlhabenden westlichen Industriegesellschaften, auf irgendeine Weise von ihnen betroffen sind. Noch spielen sich die schlimmsten Katastrophen in den Ländern des Südens und Ostens ab. Wir sehen aber vermehrt ein, dass sie uns bald einholen und wir dafür einen hohen Preis bezahlen werden, wenn nicht rechtzeitig gegen die globalen Krisen konkrete Lösungen gefunden und auf den Weg gebracht werden. Wir wissen auch, dass wir dafür eine große Verantwortung haben.

Um unnötiges menschliches Leiden abzuwenden und um globale Zukunftsfähigkeit zu erlangen, sind deshalb qualitative und quantitative Verbesserungen der Lebens- und Überlebensbedingungen dringend erforderlich. Dafür mangelt es uns aber ganz gewaltig an Orientierung und gemeinsamen Werten. So richten sich etwa viele Interessengruppen nach eigenen, egoistischen Fortschrittsdefinitionen aus, die sich wechselseitig widersprechen. Einzelne Menschen und Interessengruppen erzielen zwar auch noch heute ihre Fortschritte, die aber auf Kosten anderer gehen und letztlich für den Rest der Welt Rückschritte bedeuten.

Im Weiteren wird das zunehmende Unbehagen gegenüber den lokalen und globalen Entwicklungen behandelt. Aufbauend auf der Feststellung, dass immer mehr Menschen die Grundlagen ihrer ökonomischen und sozialen Existenz gefährdet sehen und sich daraus immer mehr Zukunftsängste entwickeln, wird auch der Zweifel vieler Menschen an einer sinnerfüllten Existenz angesprochen. Dieser entsteht nicht allein aufgrund spiritueller Defizite und entstandener Oberflächlichkeit in den sozialen Beziehungsmustern der Menschen in den modernen Gesellschaften, sondern auch, weil es in vielen wichtigen sozialen, ökonomischen, ökologischen, gesellschaftlichen und politischen Fragen zu viele Dissense gibt. Dabei werden oftmals gute Vorsätze, besonders solche, die gesellschaftlichen Fortschritt hervorbringen könnten, auf vielen Ebenen der Politik und Wirtschaft, aber auch von gesellschaftlich relevanten Institutionen auf die Zukunft verschoben.

Um den komplexen Herausforderungen unserer Zeit erfolgreich zu begegnen, so meine These, muss gesellschaftlicher Fortschritt zum Prinzip, zur Ziel- und Richtschnur individuellen und gesellschaftlichen Handelns werden. Der einzelne Mensch und die Gesellschaften müssen viel mehr in einen an Humanismus und Zukunftsfähigkeit ausgerichteten Fortschritt investieren. Dies betrifft uns alle. Jeder kann mit persönlichem Gewinn dazu beitragen.

Fernab von ideologischen Debatten liefere ich Orientierung und Denkanstöße, die das *Prinzip Fortschritt* inhaltlich füllen. Im zweiten Teil des Buches beschreibe ich die Entstehungsgeschichte des Fortschrittsgedankens. Das Wesen des Fortschritts wird analysiert und in den Kontext der Realitäten des 21. Jahrhunderts gestellt. Danach werden Konturen eines *nachhaltigen Fortschrittsmusters* beschrieben, die das *Prinzip Fortschritt* bilden. Die Rückbesinnung auf die *Werte des Humanismus* und die

Forderung nach einer *zweiten Aufklärung* bilden unter anderem die Kernaussagen dieses Buches. Dabei werden die ökologischen Herausforderungen, die Interessen der Menschen in den armen Ländern des Südens und die noch nicht geborener Menschen in der Zukunft besonders berücksichtigt.

Letztendlich möchte ich mit diesem Buch dazu beitragen, dass sich ein neues Verständnis für den gesellschaftlichen Fortschritt entwickelt, um den großen Herausforderungen unserer Epoche gerecht zu werden.

Die wichtigste Botschaft des Buches ist aber, dass Menschen, die nach dem *Prinzip Fortschritt* werten und handeln, ihr Leben mit Sinn anreichern, weil sie es mit der Einheit des Lebens verbinden. Dieses Buch liefert dafür Orientierung.

Münster, im Februar 2008 *Werner Mittelstaedt*

Erster Teil

Das dominierende Fortschrittsmuster und seine Folgen

IST DIE WELT HEUTE BESSER, ALS SIE ES GESTERN WAR?

> *»Können wir, die wir modernen Gesellschaften angehören, aus dem Verständnis alternativer, insbesondere vormoderner Lebensformen nicht etwas lernen? Sollten wir uns nicht – jenseits der Romantisierung überwundener Entwicklungsstufen, jenseits des exotischen Reizes fremder kultureller Inhalte – der Verluste erinnern, die der eigene Weg in die Moderne gefordert hat?«*
> Jürgen Habermas

> *»Das westliche Verständnis von ›Entwicklung‹ und ›Fortschritt‹ ist das Problem, nicht die Lösung. Es ist eine katastrophale Idee und die Ursache für die meiste Zerstörung, mit der wir heute konfrontiert sind.«*
> Edward Goldsmith

Einleitende Bemerkungen

Gewöhnlich definieren wir die Summe aller menschlichen Aktivitäten zur Erzielung eines besseren Zustandes, der positive Auswirkungen auf den Einzelnen und damit letztlich für die Gesellschaft beinhaltet, als Fortschritt. Durch ihn sollen in erster Linie die Lebensbedingungen und Zukunftsperspektiven der Menschen verbessert werden.

Es gibt aber deutlich erkennbare Gründe dafür, dass diese Ziele schon längere Zeit nicht mehr erreicht werden. Viele Gesellschaften weisen heute im Vergleich zu früheren Zeiten auch Rückschritte auf. Durch die Erfahrungen, die wir im täglichen Leben machen und bei nur oberflächlicher Auswertung der Informationen, die in unserer medienbestimmten Gesellschaft auf uns einwirken, muss es uns heute schwer fallen, diesen Thesen zu widersprechen. Der Soziologe Zygmunt Bauman zieht auf der Grundlage umfangreicher Untersuchungen über moderne Gesellschaften sogar das ernüchternde Fazit: »Wir treiben ohne Ziel dahin, suchen weder nach der guten Gesellschaft, noch wissen wir, was uns umtreibt« (2003, S. 158).

Vor diesem Hintergrund hat die Frage »Ist die Welt heute besser, als sie es gestern war?« eine tiefe Bedeutung. Wer diese sicherlich ein wenig provozierende, scheinbar naiv formulierte Frage jemandem stellt, der wird von der befragten Person heutzutage mehrheitlich ein ziemlich klares Nein als Antwort erhalten. Ich habe diese Frage in den Jahren 2004 bis 2006 rund 200 Personen mit unterschiedlichsten Bildungshintergründen im Alter zwischen 20 und 85 Jahren gestellt. Sie wurde jeweils mit der zusätzlichen Bemerkung eingeleitet, dass die Weltlage von heute am besten mit der des gestrigen Tages oder ansonsten mit der Vergangenheit nur ganz weniger Jahre bewertet werden sollte und persönliche Einflüsse bei der Beantwortung keine Rolle spielen dürfen. Nach meistens nur kurzer Bedenkzeit erklärten mir mehr als 70 Prozent aller Befragten, viele davon sogar spontan, dass die Welt heute schlechter sei. Die oftmals spontanen Antworten mit Nein überraschten mich. Ich hatte dabei meistens das Gefühl, als hätten sich die Befragten diese Frage schon früher einmal selbst gestellt und konnten sie deshalb rasch aus ihren Gedächtnissen abrufen. Auch hatte ich den Eindruck, der in den Begründungen zu den gegebenen Antworten auch bestätigt wurde, dass sich die Befragten, die Nein als Antwort gaben, ernsthafte Sorgen um den Zustand der Welt machen. Bei den etwas weniger als 20 Prozent der Antworten, die mit einem Ja ausfielen, wurde meistens viel länger überlegt als bei denen, die mit Nein ausfielen. Aber diese optimistischen Einschätzungen wurden überwiegend mit einer gewissen Skepsis gegenüber den künftigen Entwicklungen ein wenig relativiert, wie sich aus den Begründungen zu den Antworten herausstellte. Nur etwa 10 Prozent der befragten Personen wollten die Frage nicht beantworten mit der Begründung, dass sie sich darüber bislang zu wenig Gedanken gemacht haben oder dass sie nicht zu beantworten sei.

Natürlich spiegeln die jeweiligen Antworten immer nur die subjektiven Einschätzungen der befragten Personen zum Zustand der Welt wider. Niemand kann den Anspruch erheben, relativ genaues Wissen über die Lage der Welt von heute gegenüber dem gestrigen Tag oder der jüngeren Vergangenheit zu besitzen und es dazu noch so zu bewerten, dass daraus eine auch nur annähernd richtige Antwort resultiert. Jede einzelne Antwort kann deshalb nur eine recht grobe Einschätzung sein, die vielfach noch unbewusst von den unmittelbaren Lebensumständen der befragten Personen subjektiv beeinflusst wurde. Wie ich jedoch festgestellt habe, werden nur wenige Menschen dieser prinzipiell nicht zu beantwortenden Frage ausweichen oder bemerken, dass sie nicht beantwortet werden kann. Es ist ganz offensichtlich reizvoll, sie zu beantworten.

Die von mir durchgeführte kleine Befragung bestätigt auf einer gesellschaftlichen Mikroebene die tief sitzende Skepsis, pessimistische Grundstimmung und Unzufriedenheit vieler Menschen gegenüber den lokalen und globalen Entwicklungen. Diese unumstrittene Tatsache ist seit vielen Jahren besonders in Deutschland festzustellen, sie beeinflusst aber mit zunehmender Tendenz auch das gesellschaftliche Klima in den meisten anderen Industriegesellschaften. Letztendlich resultiert daraus die Feststellung, dass viele Menschen damit auch den Fortschritt per se in Frage stellen.

Das dominierende Fortschrittsmuster

Die Fortschrittsgläubigkeit, die lange Zeit die Denkweise der Menschen in den westlichen Industriegesellschaften beeinflusste, ist spätestens in den 1990er-Jahren in Ernüchterung, Skepsis und Verunsicherung gegenüber den allgemeinen Entwicklungstrends umgeschlagen. Sie gründete sich überwiegend auf die Verbesserung der allgemeinen Lebensbedingungen durch das dominierende Fortschrittsmuster. Dieses basiert seit der ersten industriellen Revolution im Wesentlichen auf fortwährendes Wirtschaftswachstum und den Errungenschaften aus Wissenschaft und Technik. Dafür benötigt es kapitalistische Strukturen, den freien Wettbewerb, das Konkurrenzprinzip und Regierungen, die dafür die erforderlichen Rahmenbedingungen und gesetzlichen Regelungen aufrecht halten und sie im Sinne der Wirtschaft und Wissenschaft unterstützen. Dabei sollen Wissenschaft und Technik nicht nur alle möglichen auftretenden Probleme innerhalb dieses Fortschrittsmusters lösen, die beispielsweise für Mensch und Umwelt entstehen, sie sollen zudem kontinuierlich zur Steigerung des Wirtschaftswachstums durch die von ihr produzierten Innovationen beitragen. In diesem Sinne hören wir seit vielen Jahrzehnten immer wieder die gleiche Floskel von führenden Politikern und Wirtschaftsexperten, die vor dem Hintergrund der gesellschaftlichen Probleme etwa sagen: Wenn möglichst viel auf der Grundlage stetigen Wirtschaftswachstums erwirtschaftet wird, kann auch mehr verteilt, die Arbeitslosenquote gesenkt, das Bildungs- und Gesundheitswesen verbessert und insgesamt der gesellschaftliche Fortschritt vorangetrieben werden.

Den Menschen wurde jedoch in den letzten Jahren immer bewusster, dass dieses durch Politik, Wirtschaft und Wissenschaft zum Maß aller Dinge hochstilisierte Fortschrittsmuster schon sehr lange seine Versprechen nicht mehr einlöst. Obwohl die Fortschrittsgläubigkeit vergangener Zeiten nicht mehr vorhanden ist, hält dennoch der größte Teil der Menschen an der Hoffnung und dem Glauben fest, dass die Welt überwiegend nur durch das bestehende Fortschrittsmuster verbessert werden könne. Nur mit ihm sind wir in der Lage, so die noch immer allgemein verbreitete Überzeugung, dass möglichst vielen Menschen ein Leben mit besserer Qualität ermöglicht werden könne und sich mehr Wohlstand rund um den Erdball gerechter verteilen ließe. Weil wir es zu sehr in den Mittelpunkt unserer Aktivitäten stellen, hat es zugleich die Initiativen zur Förderung der großen Fortschrittsideen der Aufklärung und des Humanismus, die bislang unzureichend realisiert wurden, in den Hintergrund gedrängt. Ebenso wird durch die einseitige Fokussierung der Gesellschaft auf dieses Fortschrittsmuster die vielstimmige und berechtigte Kritik an ihm bis heute nicht angemessen gesellschaftlich und politisch gewürdigt.

Die Überzeugung, dass fast nur Wirtschaftswachstum im Zusammenspiel mit der Produktion wissenschaftlich-technischer Innovationen den gesellschaftlichen Fortschritt garantiert, hat sich im Laufe des 20. Jahrhunderts regelrecht zu einem Mythos entwickelt. Zunächst in den westlichen Industriegesellschaften und seit den späten 1950er-Jahren hat er nach und nach fast alle Länder und Kulturen der Welt erfasst. Dieser Mythos ist so stark, dass er in den meisten Ländern viel stärkeren Einfluss auf die Menschen ausübt als etwa traditionelle Religionen. Dass trotz aller Enttäuschungen an ihm festgehalten wird, ist hochgradig ambivalent und hat auch damit etwas zu tun, dass wir gemeinhin die Meinung vertreten, zum bestehenden Fortschrittsmuster gäbe es keine wirklichen Alternativen.

Weil die Alternativen zum bestehenden Fortschritts- und damit letztendlich auch zum Gesellschaftsmuster der Industriegesellschaften scheinbar viel zu kompliziert, zu theoretisch und zu widersprüchlich aufgebaut sind, büßten sie immer mehr an Glaubwürdigkeit ein. Oder sie haben sich selbst durch die Wirklichkeit diskreditiert. So wurde die marxsche Philosophie des

Kommunismus als *die* Alternative zum kapitalistisch geprägten Fortschrittsmuster allerspätestens durch den Niedergang des »real existierenden Sozialismus« in den ehemaligen Ländern des Warschauer Pakts im Jahre 1989 ad acta gelegt. Eigentlich hätten diejenigen, die in den westlichen Industriegesellschaften den Kommunismus als Alternative begriffen, schon unmittelbar nach dem Zweiten Weltkrieg feststellen müssen, dass er, so wie er sich im Warschauer Pakt, in China und andernorts meistens als Form des »real existierenden Sozialismus« ausgestaltete, nicht einmal ansatzweise die Erwartungen einer wirklichen Alternative erfüllte. Es konnte damals niemand ernsthaft ignorieren, dass sich diese Länder nach und nach als Diktaturen entpuppten. Kein Mensch im Westen konnte etwa in den 1950er-Jahren diese Tatsache leugnen, denn dafür lieferten niedergeschlagene Aufstände, die Exil-Literatur, die Berichte und Bücher über das Straflagersystem der UdSSR (Gulags), die geflüchteten Menschen und selbst die damals einseitigen Medienberichte ausreichend Beweise. Dennoch hielten viele Linksintellektuelle den Kommunismus in Form des »real existierenden Sozialismus« für reformierbar bzw. eine Gesellschaftsform, die besser als der Kapitalismus sei.

Für das Bekenntnis zum Kommunismus als Alternative zum Kapitalismus und zu entsprechenden Mitgliedschaften in kommunistischen Parteien oder Gruppen wurden in den westlichen Industriegesellschaften und besonders in den USA viele Menschen politisch verfolgt, was sehr gegen die Meinungsfreiheit, für die der Westen so gerne steht, seinerzeit gesprochen hat. Sie verhielten sich in der Frage der Meinungsfreiheit und der freien Wahl der Parteien nicht viel besser als die damalige Sowjetunion. Besonders in den 1950er-Jahren breitete sich in den USA in der sogenannten McCarthy-Ära regelrecht eine antikommunistische Verfolgungswelle aus. Auch in Deutschland wurden Menschen wegen ihrer Zugehörigkeit zu kommunistischen Parteien oder Gruppierungen einer Sonderbehandlung unterzogen.

So wurde im Jahre 1972 der Extremistenbeschluss, der auch als Radikalenerlass bekannt geworden ist, von den Regierungschefs der Bundesländer unter dem Vorsitz von Bundeskanzler Willy Brandt verabschiedet. Er richtete sich in erster Linie gegen eine mögliche Unterwanderung des öffentlichen Dienstes durch Mitglieder kommunistischer Parteien und Gruppierungen und sorgte damals in der Öffentlichkeit für kontroverse Diskussionen, weil Bewerber für den öffentlichen Dienst durch den Verfassungsschutz überprüft wurden. Bis zum Jahre 1976 wurden daraufhin fast eine halbe Million Bewerber auf ihre Verfassungstreue hin überprüft.

Es kann jedoch kein Dissens darüber bestehen, dass der Kommunismus, so wie er in den ehemaligen Ostblock-Ländern praktiziert wurde, in fast allen Bereichen menschlichen Handelns dem Fortschritts- und Gesellschaftsmodell des Kapitalismus deutlich unterlegen war, trotz der zahlreichen verheerenden Entwicklungen in den kapitalistischen Ländern. Der Kommunismus bzw. sein Zerrbild in Form des »real existierenden Sozialismus« wird heute noch durch das totalitäre Regime in Nordkorea unter der diktatorischen Führung des Staatschefs Kim Jong Il auf für die nordkoreanische Bevölkerung verheerende Weise »durchgehalten«. Es kann nur noch eine Frage der Zeit sein, wann Nordkorea das starre Festhalten an sein völlig abgewirtschaftetes System aufgeben und sich mit Südkorea wiedervereinigen wird. Heute repräsentiert dieses Land als letzte geschlossene kommunistische Gesellschaft, das ganze Ausmaß an Fehlentwicklungen und die ganze Inhumanität im Namen des Kommunismus, wie sie vergleichsweise bis zum Jahre 1989 in vielen Ländern des Ostblocks bestanden haben bzw. praktiziert wurden. Diese Kritik hängt nicht allein damit zusammen, dass das Regime in Nordkorea Menschen verhungern lässt, weil es in den letzten Jahrzehnten immer wieder Hilfe aus den Industriegesellschaften ablehnte und sehr viel Geld in das Militär investiert, sondern auch damit, dass es aus der Geschichte nichts lernte und seine Bevölkerung unaufhörlich quält.

Auf Kuba befindet sich der »real existierende Sozialismus« möglicherweise in einer Auflösungsphase, die auch abhängig von der Nachfolge Fidel Castros sein wird. Die sogenannten »sozialistischen Experimente« als Gegenmodell oder Antwort auf den Kapitalismus in Venezuela und Bolivien durch Enteignungen und Verstaatlichungen von Betrieben, insbesondere der Öl- und Gasindustrie, sind noch im Entstehen und können an dieser Stelle nicht bewertet werden.

Schließlich existiert der »real existierende Sozialismus« aus einem Mix aus Kommunismus und hartem Kapitalismus im bevölkerungsreichen China. Wie es dort um die Menschenrechte und generell um den Wert eines Menschen bestellt ist, ist hinreichend bekannt.

Der Kommunismus oder seine Erscheinung als »real existierender Sozialismus« erfüllte und erfüllt seine Ansprüche, eine gerechtere Gesellschaft zu schaffen, nicht einmal ansatzweise so, wie er theoretisch von Karl Marx und Friedrich Engels entworfen und im Kommunistischen Manifest im Jahre 1848 veröffentlicht wurde. Es wurde und wird immer noch in der Realität bewiesen, dass er den Menschen viel weniger Freiheiten und einen geringeren Lebensstandard bot und bietet. Er benötigte und benötigt, so noch heute in Nordkorea und China, ein dichtes Netz von Überwachungsmaßnahmen, Straflagern und autoritären gesellschaftlichen Strukturen, um die Bevölkerung zu disziplinieren bzw. um seine »Ordnungen« aufrecht zu halten. Auch war und ist er noch immer brutaler gegen die Natur und Umwelt als der kapitalistische Westen. Die weitgehend verschwiegenen Naturzerstörungen in den ehemaligen Ländern des Warschauer Pakts, die in den frühen 1990er-Jahren aufgedeckt wurden, lieferten dafür hinreichend Beweise.

Seit Jahren ist auch der brutale Umgang mit Natur und Menschen im »kommunistisch-kapitalistischen« China festzustellen.

Dafür nur zwei Beispiele: erstens durch den Bau des Drei-Schluchten-Damms am Jangtse. Der Bau dieses größten Staudamms der Welt wurde im Jahre 1993 begonnen. Er soll im Jahre 2009 in Betrieb genommen werden und elektrischen Strom liefern, die Hochwasserkontrolle verbessern und die Schifffahrt erleichtern. Durch seinen Bau wurden bereits ungezählte Menschen willkürlich umgesiedelt und regelrecht aus ihrem Lebensraum vertrieben. Ursprünglich sollten eine Million Menschen umgesiedelt werden, aber im Oktober 2007 meldete ganz offiziell die chinesische Nachrichtenagentur Xinhua, dass am Stausee des Jangtse, hinter dem Riesendamm mit seinen Wasserkraftwerken, in den nächsten zehn bis fünfzehn Jahren vier Millionen Menschen umgesiedelt werden müssten. »Der Grund für die unvorstellbare Fehlplanung ist eine dramatische Verschlechterung der Umweltbedingungen an den Ufern des mehr als 600 Kilometer langen Staudamms. Fachleute hatten die neuesten Befunde auf einer Tagung in der zentralchinesischen Stadt Wuhan im September [2007] öffentlich gemacht. An den Uferabhängen des Jangtse-Stausees gibt es immer häufiger Erdrutsche. An 91 Stellen ist die Uferbefestigung beschädigt, insgesamt sind 36 Kilometer Land abgebrochen. Erdrutsche hätten Wellen von einer Höhe bis zu 50 Metern verursacht, die gegen das Ufer des Stausees geschlagen seien und große Zerstörungen angerichtet hätten, berichtete Huang Xuebin vom staatlichen ›Drei-Schluchten-Büro‹.

Das Ökosystem des Jangtse ist gestört. Zudem nimmt die Verschmutzung des Stausees gefährliche Ausmaße an. Abwässer werden ungeklärt in den Jangtse-Stausee geleitet, der sich nicht mehr von selbst reinigen kann, weil er durch die Stauung langsamer fließt. Algenausbrüche nehmen zu, Wasserpflanzen wachsen immer schneller [...]«, berichtete Petra Kolonko in der Frankfurter Allgemeinen Zeitung vom 17.10.2007. Die ökologischen Schäden des Drei-Schluchten-Damms im Allgemeinen und die der bestehenden Umweltkatastrophe im Besonderen sind nicht zu beziffern.

Zweitens soll durch ein Projekt, das im Jahre 2002 begonnen wurde und erst im Jahre 2050 abgeschlossen sein soll, Wasser aus dem Süden in den Norden Chinas umgeleitet werden. Experten warnen davor, dass dadurch die Umweltverschmutzung in China verstärkt und es zu einem Ungleichgewicht im Wasserhaushalt von Chinas längstem Fluss kommen wird.

Trotz all dieser schwierigen Bedingungen brach erst nach 1989 für die Anhänger des Kommunismus in den Industriegesellschaften des Nordens diese Alternative zum Kapitalismus endgültig zusammen, von den Ausnahmen ewig gestrig Denkender, politischer Gruppen sowie kleiner Parteien einmal abgesehen.

Lange Zeit wurde über einen sogenannten Dritten Weg – einer Synthese aus Kapitalismus und Sozialismus – in linksintellektuellen Kreisen diskutiert. Heute wird leider nur noch von wenigen Menschen, aber meiner Meinung nach völlig zu Recht, über den Dritten Weg zur Verbesserung der gesellschaftlichen Strukturen im Kapitalismus nachgedacht (vgl. auch Flechtheim 1987, S. 215 – 247). Angesichts der massiven gesellschaftlichen Probleme und der globalen Krisen sollten die Ideen des Dritten Weges unbedingt ins Blickfeld der Menschen gerückt werden, weil sie viele Alternativen für einen zukunftsfähigen Umbau der Gesellschaften beinhalten.

Vor dem Hintergrund des krassen Versagens des Kommunismus in der Realität wurden auch andere Alternativen zum bestehenden Fortschritts- und damit letztlich auch zum Gesellschaftsmodell geschwächt, vielfach zu Unrecht diskreditiert oder marginalisiert – nicht zuletzt, weil die Enttäuschungen über das katastrophale Versagen des »real existierenden Sozialismus« groß waren und sind. Die meisten Menschen trauen deshalb auch anderen gesellschaftlichen Konzepten weniger denn je, die Alternativen zur westlichen Zivilisation beinhalten oder insbesondere das Verständnis von Fortschritt in ihr verändern würden.

Liefern nicht vielleicht die Kulturen und Länder des Südens Alternativen zum Fortschrittsmuster der führenden Industriegesellschaften? Obwohl sie über enorme Potenziale verfügen, gesellschaftlichen Fortschritt anders zu gestalten als die Länder des Nordens, ist die vorweggenommene Antwort darauf ein eindeutiges Nein. Stattdessen breitet sich das Fortschrittsmuster des Nordens global aus.

Weshalb die Länder des Südens nicht imstande waren und sind, eigene Fortschrittsmuster aufzubauen, muss natürlich im Einzelnen näher begründet werden.

Die kulturelle und ethnische Vielfalt der Welt beruht darauf, dass die durch religiöse Einflüsse sowie sehr lange geschichtliche und kulturelle Prozesse geprägten Gebiete und Länder immer für sich selbst stehen. Das heißt, dass jedes Land der Welt dadurch eine absolut unverwechselbare kulturelle und gesellschaftliche Identität besitzt. Die über Jahrtausende gebildete kulturelle Vielfalt der Menschheit und die damit einhergehende gesellschaftliche Differenziertheit tragen sehr zur Bereicherung der Welt bei.

Die armen Länder auf den drei Kontinenten des Südens, in denen etwa drei Viertel aller Menschen leben, sind aber größtenteils durch vielfältige und zum Teil auch verheerende Krisen und Katastrophen in den letzten Jahrhunderten zu ihrem Nachteil verändert worden. Sie sind aufgrund einer Vielzahl von geschichtlichen Umständen und Tragödien, zu denen besonders die Kolonialzeit zählt, spätestens seit dem Ende des 17. Jahrhunderts von einer Krise in die andere und auch in Katastrophen geraten. Bis etwa zum Ende des 17. Jahrhunderts, so haben Untersuchungen bewiesen, gab es auf den drei Kontinenten des Südens keine relevanten Unterschiede hinsichtlich Lebensniveau, Ökonomie und Technologie zwischen der sich damals zur führenden Metropole heranbildenden englischen Gesellschaft und den übrigen inner- und außereuropäischen Gesellschaften.«[...] Noch vor 300 Jahren waren ihre Anteile [die von China und Indien] an der globalen Produktion mit denen Europas durchaus vergleichbar. Um 1820 stand China für ein Drittel des weltweiten Bruttosozialprodukts, Indien für ein Fünftel. Dann katapultierten sich Europa und dessen amerikanischer Ableger mit der industriellen Revolution in der Entwicklung weit nach vorne. Auseinandersetzungen mit Kolonialherren und Besatzern, Kriege sowie Chaos und Aufruhr ließen hingegen den BSP-Anteil [BSP = Bruttosozialprodukt] der beiden Asiaten bis 1950 auf den Tiefpunkt von fünf und drei Prozent schrumpfen«, schrieb Olaf Ihlau über den ökonomischen Verlauf der letzten Jahrhunderte speziell für Indien und China (2006, S. 144). Durch die Machtüberlagerung der Kolonialmächte entstanden dann spätestens gegen Ende des 17. Jahrhunderts die ersten größeren Krisen auf den drei Kontinenten des Südens. Die Kolonialmächte beuteten »ihre« Kolonien immer stärker aus, versklavten und deportierten ungezählte Menschen und kontrollierten sie politisch und militärisch. In Südamerika hatten verschiedene europäische Länder gleichzeitig Kolonien, die sich über mehrere Länder erstreckten. Dadurch kam es speziell in Südamerika zu einer Mischung aus Ureinwohnern aus verschiedenen Ländern und Europäern, die dort ansässig wurden. Ähnlich war es auch in Afrika und weiten Teilen Asiens. Durch die Vermischung der Ureinwohner in Südamerika, Afrika und Asien mit Europäern entstanden ungezählte Konflikte. Lange Zeit hatten in vielen Ländern des Südens nicht die Ureinwohner die politische Kontrolle über ihr Land, sondern, bedingt durch militärische Repressionen und wirtschaftliche Kontrolle, die Kolonialmächte (vgl. auch Senghaas 1976, S. 37 und Mittelstaedt 1988, S. 77 – 80).

Aus diesen und vielen weiteren Gründen wurden die Entwicklungsprozesse und gesellschaftlichen Strukturen in den Ländern des Südens gravierend gestört bzw. überwiegend zerstört. Deshalb weisen sie auch schlechte und zum Teil auch verheerende Indizes der menschlichen Entwicklung (HDI[1]) auf. Daher sind sie bis heute nicht in der Lage, konkrete Alternativen zum Fortschrittsmuster des Nordens zu liefern. Ganz im Gegenteil, viele Länder des Südens benötigen Hilfe – Hilfe zur Selbsthilfe oder Hilfe zur Selbstentwicklung und nicht selten Überlebens-, Hunger- und Katastrophenhilfe.

Heute dürfen aber im Kontext zur Erzielung von Fortschritt auch die tief greifenden Implikationen unserer kulturell und ethnisch durch und durch vermischten Welt sowie die zum Teil großen Schwierigkeiten des Zusammenlebens unterschiedlicher Kulturen (multikulturelle Gesellschaft) nicht übersehen werden. Deswegen ist es erwiesenermaßen problematisch, Elemente aus den Lebensstilen und Fortschrittsphilosophien von einer Kultur in eine andere zu integrieren. Wären diese Schwierigkeiten nicht vorhanden oder erheblich geringer, so gäbe es die wirklich multikulturelle Gesellschaft und nicht die, die zwar viele Kulturen beherbergt, wie beispielsweise die deutsche oder die in den USA, in denen aber die verschiedenen Kulturen und Religionen nicht wirklich ihre Werte und Traditionen teilen und ergänzen, sondern sich gegenseitig sogar abschotten. Dies gilt ganz besonders für viele Länder Afrikas, Asiens und Südamerikas, in denen die meisten Gesellschaften bzw. Länder sich oftmals aus sehr unterschiedlichen Volksgruppen zusammensetzen. Die ethnischen Konflikte, die dort immer wieder in Kriegen, Vertreibun-

---

[1] Das Entwicklungsprogramm der Vereinten Nationen (UNDP) veröffentlicht seit dem Jahre 1990 jährlich einen Bericht über die menschliche Entwicklung. Der darin enthaltene Index der menschlichen Entwicklung (Human Development Index – HDI) erfasst die durchschnittlichen Werte eines Landes in grundlegenden Bereichen der menschlichen Entwicklung. Dazu gehören unter anderem die Lebenserwartung bei der Geburt, das Bildungsniveau sowie das Pro-Kopf-Einkommen. Dadurch ergibt sich eine Rangliste, aus der wir den Stand der durchschnittlichen Entwicklung eines Landes ableiten können. Im Jahre 2005 erfasste der Index insgesamt 177 Länder. Davon wurden 120 Länder als mit geringer oder mittlerer Entwicklung eingestuft. Norwegen hatte im Jahre 2005 die beste und das westafrikanische Niger die schlechteste menschliche Entwicklung (siehe auch im Internet: www.undp.org).

gen, kleineren und größeren Konflikten, terroristischen Attentaten und nicht selten in humanitären Katastrophen ausarten, prägen seit vielen Jahrzehnten einen Teil ihrer Realität.

Leider wird bis heute das Verständnis, gegenseitiges Lernen, gesellschaftliches, religiöses und kulturelles Miteinander unterschiedlicher Kulturen überall auf der Welt viel zu sehr vernachlässigt. Dies alles sollte eigentlich zur Förderung der Toleranz unter Menschen aus unterschiedlichen Kulturen und zur Sicherung des Friedens mit höchster Priorität gefördert werden. Aber die Diskussion darüber ist auf gesellschaftlicher und politischer Ebene, was Westeuropa betrifft, erst in den letzten Jahren entstanden und dazu noch im Kontext unerfreulicher Ereignisse wie etwa durch die Ermordung des niederländischen Filmregisseurs Theo van Gogh aufgrund des islamkritischen Films »Submission« (Unterwerfung)[1] am 02.11.2004, durch den Karikaturenstreit im Frühjahr 2006 oder der umstrittenen Regensburger Rede von Papst Benedikt XVI. zum Islam im Sommer 2006. Insgesamt wird seit NineEleven[2] weltweit mehr über das Verhältnis des Islam zum Christentum gestritten und diskutiert als über das religiöse und kulturelle Miteinander unterschiedlicher Kulturen und zwischen den Weltreligionen. Es steht aber faktisch fest, dass nicht nur das Verhältnis zwischen Islam und Christentum, sondern auch das Verhältnis der anderen Weltreligionen untereinander angespannt ist. Das liegt daran, dass noch immer in zahlreichen Ländern des Südens viele Menschen über ihre religiösen Zugehörigkeiten von ihren religiösen und politischen Eliten für politische Zwecke instrumentalisiert werden. Die Industriegesellschaften des Nordens dagegen haben dieses Problem durch die strikte Trennung von Religion und Politik weitgehend überwunden. Sie haben aber noch immer das nicht

---

[1] Diesen Film erstellte er in Zusammenarbeit mit der Islamkritikerin und ehemaligen Muslimin Ayaan Hirsi Ali. Er handelt von vier islamischen Frauen, die über ihre Missbrauchserfahrungen sprechen (vgl. auch Hirsi Ali 2005, S. 179 – 189).
[2] Kurzbezeichnung für den Tag der Terroranschläge in den USA am 11.09.2001.

zu unterschätzende Problem, dass sich in ihren Ländern die Religionen untereinander gegenseitig mehr oder weniger abschotten und die christlichen Religionen darüber hinaus zu wenig den Dialog mit den anderen großen Weltreligionen suchen oder ihn durch ganz bewusstes Abgrenzen verhindern. So werden in einem offiziellen Dokument des Vatikans aus dem Jahre 2007 Protestanten und andere Glaubensgemeinschaften als »mit Mängeln« bezeichnet und abwertend als »kirchliche Gemeinschaften« eingestuft. Protestanten und andere christliche Gemeinschaften, die nicht den Papst anerkennen, könnten sich nicht auf die »apostolische Sukzession« (Nachfolge) berufen. Damit ist die katholische Lehre gemeint, nach der sich Päpste und Bischöfe noch heute auf den 2000 Jahre alten Auftrag Jesu Christi an die Apostel zur Glaubensverbreitung berufen. Über dieses offizielle Dokument der katholischen Kirche, das von Papst Benedikt XVI. bestätigt wurde, empörten sich viele protestantische Bischöfe und stellten es als einen schweren Rückschlag für die Ökumene dar.

Darüber hinaus sind in den christlich geprägten Ländern des Nordens seit einigen Jahren zunehmend mehr christlich-fundamentalistische Tendenzen festzustellen, wenn wir nur, um ein prominentes Beispiel zu nennen, den sogenannten »Göttlichen Auftrag« von Georg W. Bush und seinen »Kreuzzug gegen den Terror« heranziehen oder feststellen müssen, dass in den USA und auch in Europa eine zunehmende Anzahl von Menschen sich als Creationisten bezeichnen. Sie vertreten eine wortwörtliche Interpretation der Bibel als Grundlage ihres Weltbildes und erheben dabei den Anspruch auf Wissenschaftlichkeit. Dabei glauben sie an ein »Intelligent Design« von Gott und lehnen die Darwinsche Evolutionstheorie strikt ab. »Mit ihrer wörtlichen Bibel-Auslegung wollen sie nicht nur immer mehr Einfluss auf die Innen- und Außenpolitik nehmen, sondern sie versuchen auch mit juristischen und politischen Mitteln, die Wissenschaft zu diskreditieren. Stattdessen tragen sie ihre Vorstellungen vom

›intelligenten Design‹ der Natur in die Schulen, also einen durch keine Tatsachen gestützten, wissenschaftlich verbrämten Schöpfungsglauben«, schrieb Rüdiger Vaas im Wissenschaftsmagazin »bild der wissenschaft« (2007, S. 34). Creationisten verhalten sich fundamentalistisch und meinen im Besitz der Wahrheit zu sein, die angeblich Gott vorgegeben hat. Wenn sich irgendwann einmal von diesen Lehren mächtige Politiker leiten lassen, dann könnte auch eine Gesellschaft des Nordens politisch ins Mittelalter zurückfallen. »Bereits 2004 verkündete der Amerikaner Sam Harris das Ende des Glaubens und verkaufte das Buch ›The End of Faith‹ bislang über 400.000-mal. Vor ein paar Monaten legte der Neurobiologe, der aus Angst vor Anschlägen seine Universität nicht nennt, seinen ›Letter to a Christian Nation‹ nach. Er warnt darin vor Politikern, hinter denen Millionen von Bibel-Fundamentalisten stünden, die das nahe Weltende erwarteten und somit keine Anstrengungen für eine ökologisch, ökonomisch und geopolitisch bessere Zukunft machten. Vor allem kritisierte er die Politik des US-Präsidenten Georg W. Bush, von dem sogar der Horror-Bestsellerautor Stephen King kürzlich sagte: ›Der kindliche Glaube an seine Gottesgesandtheit hat mich wirklich das Fürchten gelehrt‹ « (ebd.). Leider ist festzustellen, dass immer mehr Menschen in aller Welt, viele davon in gesellschaftlichen und politischen Spitzenpositionen, sich christlich-fundamentalistisch verhalten.

Dagegen wurde in vielen islamischen Ländern in den letzten Jahren von den religiösen und politischen Eliten kaum eine Chance ausgelassen, um vor dem Hintergrund ihrer religiösen Wertvorstellungen scharfe Kritik an den westlichen Industriegesellschaften zu üben. Über diese Kritik wird auch der Hass in Teilen der islamischen Gesellschaften an den USA und anderen westlichen Industriegesellschaften ausgelebt.

Der Schriftsteller Johano Strasser schrieb in diesem Kontext treffend: »Spätestens seit dem 11. September 2001 sieht sich der Westen in einem Abwehrkampf gegen einen vor allem in der islamischen Welt, aber nicht nur dort, anschwellenden fanatischen und gewalttätigen religiösen Fundamentalismus. [...] Trotzdem sollten wir nicht übersehen, dass durch eine Verengung und Vereinseitigung der Kultur der Moderne der Westen selbst fundamentalistische Gegenbewegungen aus sich heraus erzeugt. Wenn wir verhindern wollen, dass die Spannungen innerhalb des Projekts der Moderne sich in immer neuen konvulsivischen Gewaltausbrüchen entladen und bei dem Versuch, sich dagegen zu schützen, Freiheit und Zivilität bis zur Unkenntlichkeit zerstückelt werden, ist trotziges Beharren auf der Alternativlosigkeit der faktischen westlich-kapitalistischen Entwicklung das Falscheste, was geschehen kann« (2005, S. 250 – 251).

Wenn es in den nächsten Jahren den Eliten der großen Weltreligionen nicht gelingt zu verhindern, dass ihre Religionen weiter für politische Zwecke instrumentalisiert werden, und sie sich zumindest gegenseitig tolerieren, dann wird sich die schon heute vielfach angespannte Lage zwischen den Kulturen in noch mehr Konflikte entladen. Zudem muss es insbesondere den islamischen Ländern gelingen, Politik und Religion zu trennen. Dies ist schon deshalb notwendig, weil Politik, die sich nicht von Religion trennt, niemals den verschiedenen religiösen Strömungen eines Landes gerecht werden kann und sie besonders in den islamischen Ländern die Menschen, die anderen Religionen angehören, benachteiligt oder sogar verfolgt. Sie schränkt damit die Religionsfreiheit im Besonderen und die Freiheit der Menschen im Allgemeinen ein. Scheitert eine säkulare Politik, dann drohen Konflikte, die immer wieder religiös indoktriniert sind und politische Ziele im Hintergrund haben, wie etwa solche um Ressourcen und Land, zumal die Weltbevölkerung, besonders durch die Länder des Südens, in den nächsten Jahrzehnten weiterhin wachsen wird und auch deswegen die allgemeinen Verteilungskämpfe um die knapper werdenden Ressourcen der Welt schärfer werden.

Trotz der zum Teil gravierenden religiösen und kulturellen Unterschiedlichkeiten, Konflikte und großen Differenzen in den Lebensstilen gegenüber den Industriegesellschaften setzen aber im Prinzip alle Länder des Südens auf die Verbesserung der Lebensbedingungen durch Industrialisierung, den Aufbau von Infrastrukturen nach dem Vorbild der Länder des Nordens inklusive der dafür erforderlichen Technisierung und auf die sonstigen Errungenschaften aus Wissenschaft und Technik. Dies gelang in erster Linie den sogenannten Schwellenländern, deren Bevölkerungen zwar auch von großer Armut und weitverbreitetem Elend betroffen sind, die aber dennoch über die Potenziale verfügen, die Industrialisierung ihrer Länder einzuleiten und voranzutreiben. Hierbei ragen Brasilien, Indien und China heraus. Dabei machen sich viele Menschen, die zu den Gewinnern der Industrialisierung des Südens werden, auch gerne den westlichen Lebensstil oder zumindest Teile von ihm zu eigen. Dies können wir sogar in Riad und Teheran feststellen.

Durch diese Entwicklungen favorisieren viele Menschen und die Regierungen der Länder des Südens eindeutig das Fortschrittsmuster des Nordens! Das ist ein weiterer Grund, weshalb sie keine Alternativen zum Fortschrittsmuster des Westens beitragen. Die Nachbildung des Fortschrittsmusters der Industriegesellschaften hat für viele Länder des Südens mittlerweile die höchste Priorität. Vor allem Indien und China möchten dadurch ihren großen Bevölkerungen einen bescheidenen Wohlstand ermöglichen bzw. möglichst viele Menschen damit aus der Armutsfalle befreien, was übrigens für China auch das stillschweigende Eingeständnis impliziert, dass seine Variante des Kommunismus im Prinzip gescheitert ist und der Übergang zum Kapitalismus läuft.

Es ist nachvollziehbar, dass der Süden auf das Fortschrittsmuster des Nordens setzt, zumal der materielle Lebensstandard in fast allen Ländern außerhalb Westeuropas, Japans und den USA für die Bevölkerungen um ein Vielfaches schlechter ist und er für den überwiegenden Teil der Menschen dringend erheblich verbessert werden muss. Dabei wird die Industrialisierung des Südens durch die Industriegesellschaften des Nordens politisch und wirtschaftlich massiv unterstützt. Dieser hat daran ein vitales Interesse, weil sich im Zeitalter der wirtschaftlichen Globalisierung die größten Wachstumsmärkte gegenwärtig und in Zukunft fast nur noch außerhalb der alten Industriegesellschaften befinden. Deshalb haben ganz besonders die USA, die Länder der Europäischen Union und Japan seit vielen Jahren dort neue Märkte erschlossen und werden auch in Zukunft weitere erschließen. Allein in China und Indien haben Tausende von ausländischen Unternehmen ihre Niederlassungen. Parallel zu dieser Entwicklung sind große und bevölkerungsreiche Länder, allen voran Brasilien, Indien und China, schon seit vielen Jahren dabei, sich immer mehr Anteile an der Weltwirtschaft zu erobern und in Konkurrenz zu den alten Industriegesellschaften zu treten. An billigen und zum Teil hervorragend ausgebildeten Arbeitskräften, insbesondere in Indien und China, und an günstigen Standortbedingungen mangelt es in diesen Ländern nicht (vgl. auch Hirn 2005 und Ihlau 2006). So ist China schon seit den 1990er-Jahren intensiv dabei, Afrika für seine Interessen zu nutzen. Für China ist Afrika nicht nur ein Kontinent, der für den Handel und Konsum erschlossen werden soll, sondern er soll primär zur Sicherung der Ressourcen für seine noch lange Zeit expandierende Wirtschaft dienen. In vielen afrikanischen Ländern sind deshalb chinesische Wirtschaftsmanager, Politiker, Ingenieure, Techniker und Händler eifrig dabei, die dafür notwendige Infrastruktur weiter auszubauen. Im Handel finden die preislich, auch für afrikanische Produzenten kaum noch zu unterbietenden Konsumgüter, aber auch Maschinen, Elektrogeräte und Computer aus China reißenden Absatz. Vor allem aber wird von den Chinesen die afrikanische Infrastruktur ausgebaut, um Afrikas Ressourcen zu fördern und nach China zu transportieren. Es werden also Straßen und sämtliche Anlagen zur Förderung der Rohstoffe Afrikas gebaut. Nach der Devise »Geschäft ist Geschäft« trennt die chinesische Regierung ihre Politik von den wirtschaftlichen Aktivitäten in Afrika. Sie kümmert sich weder um die vielfältigen Menschenrechtsverletzungen in afrikanischen Ländern noch um humanitäre Katastrophen, wie zum Beispiel die im Sudan. China ist, was die Einhaltung der Menschenrechte betrifft, selbst auch kein Vorbild. Aber dürfen wir mit dem moralischen Zeigefinger auf das Vorgehen Chinas in Afrika überhaupt zeigen, wo wir doch schon viel länger Geschäfte mit Afrika machen und es uns auch fast nur um Rohstoffe, aber auch um gute Gewinne im Handel und Konsumbereich geht und wo wir sogar militärische Rüstung in Spannungsgebiete liefern? Denken wir nur an Nigeria und den schmutzigen Krieg des Militärregimes und multinationaler Ölkonzerne in den 1990er-Jahren, die zusammen an der Zerstörung der Lebensgrundlagen der im Nigerdelta lebenden Ogoni beteiligt waren. Der Widerstandskämpfer und Träger des Alternativen Nobelpreises Ken Saro-Wiwa und acht seiner Mitstreiter wurden vom Militärregime am 10.11.1995 erhängt. Denken wir auch an die damalige weltweite Empörung, die zu Boykottmaßnahmen an Shell-Tankstellen führten, weil dieser multinationale Konzern in diese Vorgänge verstrickt war (vgl. auch Saro-Wiwa 1996). »[...] China kleckert nicht in Afrika, China klotzt. Im Sudan ist China mittlerweile der größte Erdölförderer. In Angola, dem nach Nigeria zweitgrößten Erdölproduzenten Afrikas, lehren die Chinesen der etablierten Konkurrenz aus Europa und Amerika längst das Fürchten. Im Kongo fördern Chinesen unter haarsträubenden Umständen Kupfer und Kobalt in rauen Mengen, in Zimbabwe Platin, und die südafrikanischen Bergbaukonzerne können gar nicht so viel Steinkohle, Platin und Eisenerz verschiffen, wie die Chinesen ordern. Ein Blick auf die Zahlen verdeutlicht diese außerhalb Afrikas kaum wahrgenommene Verschiebung der traditionellen Handelswege. Allein in den neunziger Jahren stieg das Handelsvolumen zwischen China und dem afrikanischen Kontinent um 700 Prozent. Von 2002 auf 2003 verdoppelte sich das Volumen von etwa 9 Milliarden Dollar auf 18,5 Milliarden Dollar, um 2004 noch einmal nahezu 100 Prozent zuzulegen. [...] Den größten Anteil daran hatten chinesische Erdölimporte aus Sudan und Angola, das mittlerweile 25 Prozent seiner Produktion nach Fernost verkauft. [...] China ist nach den Vereinigten Staaten und Frankreich zum drittgrößten Handelspartner Afrikas aufgestiegen und hat dabei Großbritannien hinter sich gelassen [...]«, schrieb Thomas Scheen für die Frankfurter Allgemeine Zeitung (2006).

Erst seit einigen Jahren wird in Westeuropa auf breiter gesellschaftlicher Basis zur Kenntnis genommen, dass China und auch Indien ganz ernsthafte Konkurrenten auf dem Weltmarkt geworden sind. Wir nehmen diese Tatsache nun verstärkt wahr und thematisieren sie zunehmend mehr, weil sie uns eigentlich so nicht gefällt und sie uns im Kontext der neoliberalen Weltwirtschaft auch noch Arbeitsplätze kostet. Letztlich können wir einen immer größeren Teil der Länder des Südens nicht mehr so stark wie früher für unsere Interessen ausbeuten. Dies hört sich anklagend an, trifft aber zu, weil viele Menschen in den alten Industriegesellschaften den industriellen Entwicklungen besonders in Indien und China sehr skeptisch gegenüberstehen. Als Folge der Industrialisierung Indiens und Chinas verteuerten sich in den letzten Jahren bereits viele wichtige Rohstoffe durch die steigende Nachfrage. In näherer Zukunft werden sich Rohöl und Erdgas weiterhin erheblich verteuern, weil die Nachfrage bei gleichzeitig zunehmender Erschöpfung der Welterdöl- und Erdgasvorräte steigen wird. Mit hoher Wahrscheinlichkeit werden sich auch nach und nach die Lebensmittelpreise verteuern, weil Angebot und Nachfrage die Preise in der globalisierten Weltwirtschaft bestimmen. Die Nachfrage insbesondere nach Getreide und Milch aus den USA und Europa durch die aufstrebenden Schwellenländer wird so lange steigen, wie sich dort der materielle Lebensstandard verbessert und sich dementsprechend dort die Ernährungsgewohnheiten verändern.

Die industriell aufstrebenden Länder machen in ihrer Industrialisierungsphase ganz zwangsläufig die gleichen Fehler und beschreiten sehr ähnliche Entwicklungslinien, die von den alten Industriegesellschaften seit der ersten industriellen Revolution begangen bzw. durchlaufen wurden. Die Umweltschutzstandards, Arbeitnehmerrechte und sozialen Sicherungssysteme hinken dort ausnahmslos denen vieler westeuropäischer Länder um mehrere Jahrzehnte hinterher. Auch zählt dort die Qualität des Wachstums ganz wenig, sondern überwiegend seine Quantität. Das soll Arbeitsplätze schaffen, den sozialen Frieden sichern helfen und die allgemeine Lebensqualität erhöhen. Durch zu schwache oder gar fehlende Umweltschutzmaßnahmen wirken sich die industriellen Entwicklungen und der damit verbundene zusätzliche Massenkonsum in allen aufstrebenden Ländern des Südens angesichts der ohnehin schon großen Belastungen für die Biosphäre der Erde durch menschliche Aktivitäten enorm auf die Zukunftsfähigkeit der gesamten Menschheit aus, die dadurch weiterhin verschlechtert wird. Die Gründe dafür liegen im Ressourcenverbrauch (Naturverbrauch) pro Mensch, der mit wachsender Industrialisierung und zunehmender Nachahmung des westlichen Lebensstils in den Ländern des Südens natürlich noch weiter ansteigen wird. Heute verbraucht im Durchschnitt ein Mensch in den USA, Westeuropa und Japan 32-mal so viel fossile Energieträger und andere Ressourcen wie einer in Afrika, Asien und Südamerika. Durch die Industrialisierung des Südens wird sich dieses Missverhältnis in den nächsten Jahren und Jahrzehnten spürbar verändern. Letztendlich kann es aber niemand den Menschen dort negativ anlasten, dass sie einen besseren materiellen Lebensstandard erreichen möchten. Aber wir, die wir im Norden leben, müssen uns fragen, weshalb wir ihnen in vielen Fällen nicht das beste Know-how, nicht die besten Umwelttechnologien und nicht das beste Wissen über den Bau für die sparsamsten Automobile liefern. Ferner müssen wir uns fragen, weshalb wir den Menschen im Süden nicht vermitteln, was wir bislang im Kontext unserer Industrialisierung alles falsch gemacht haben und woraus sie lernen können. Wir müssen uns auch fragen, weshalb wir uns für diese Fragen nicht viel mehr engagieren und den Menschen im Süden nicht wesentlich mehr helfen. Letztlich würden wir uns damit selbst sehr helfen wegen der schlichten Tatsache, dass die Erde nur begrenzt über Ressourcen verfügt und die Umwelt keine Grenzen kennt. Letzteres wäre nicht einmal ansatzweise als altruistisches Handeln zu bewerten, sondern notwendiges Handeln aus purem Eigennutz.

Selbst in den ärmsten Gegenden des Südens haben die Menschen Möglichkeiten, Fernsehprogramme zu sehen. Sie bekommen dort Bilder und Filme aus den USA und aus Europa zu sehen, die den westlichen Lebensstil zeigen. Und auch sie bekommen die amerikanischen und europäischen Werbespots zu sehen. Dadurch werden bei ihnen zwangsläufig Begehrlichkeiten geweckt. Diese Menschen leben zwar in armen Ländern und gehören nicht dem westlichen Kulturkreis an, aber deshalb sind sie nicht so viel anders als Menschen beispielsweise aus Ländern wie Deutschland, Italien oder den USA. Auch sie möchten ihre Lebensqualität verbessern, wozu auch westliche Konsumwaren und eine teilweise Übernahme des scheinbar bequemen westlichen Lebensstils gehören. Dazu haben sie ein ganz legitimes Recht. Sie machen aber zwangsläufig die Erfahrungen, dass die westlichen Vorstellungen von Lebensstil und Lebensqualität sich nicht oder bestenfalls nur sehr schlecht mit ihren Traditionen vereinbaren lassen. Speziell in den islamischen Ländern werden viele Menschen zwischen ihren kulturellen Traditionen, religiösen Dogmen und dem westlichen Lebensstil aufgerieben, um diesen Zustand sehr moderat zu formulieren. Viele Konflikte entstehen dort auf den familiären, gesellschaftlichen und religiösen Ebenen.

Nun stellt sich noch die Frage, inwieweit es in den Industriegesellschaften des Nordens *selbst* um die Alternativen zu dem durch sie favorisierten Fortschrittsmuster bestellt ist.

In den letzten Jahrzehnten hat sich herausgestellt, dass alternative Fortschrittsmuster innerhalb der Länder des Nordens nicht einmal ansatzweise in der Lage waren, die eingefahrenen Gleise der gesellschaftlichen Strukturen und die ökonomische Doktrin des Kapitalismus ernsthaft herauszufordern. Die Visionen und gesellschaftlichen Gegenbilder zur Wachstums- und Konsumgesellschaft der Alternativbewegung, die in den späten 1960er-Jahren ins Leben gerufen wurden und immerhin noch bis in die 1980er-Jahre in der Massenkultur zumindest diskutiert wurden, werden heute gesellschaftlich nur noch marginal angesprochen und führen in der Praxis ein Außenseitertum. Zudem hat die Alternativbewegung selbst seit vielen Jahren »Zuwachsprobleme«, vielleicht auch deshalb, weil sehr viel Idealismus von den Akteuren, die sich beispielsweise für alternative Wege in der Ökonomie engagieren, abverlangt wird und dieser unter den bestehenden Strukturen noch viel schwerer als zu früheren Zeiten gelebt werden kann. Er kann wahrscheinlich deshalb heutzutage noch schwerer gelebt werden, weil die Spielräume für alternatives ökonomisches Handeln in unserer nahezu vollständig ökonomisierten Gesellschaft sehr klein geworden sind. Vieles scheitert an Finanzierungsmöglichkeiten und letztlich an den Marktmechanismen. Dafür nur drei Hinweise: Erstens, der seit vielen Jahren immer noch viel zu geringe Absatz an TransFair- bzw. FAIRTRADE-Produkten. (Mit den TransFair- und FAIRTRADE-Siegeln können Waren aus fairem Handel, die aus Afrika, Asien und Lateinamerika stammen, von herkömmlichen unterschieden werden.) Zweitens, die im Vergleich zur industriell praktizierten Superlandwirtschaft längst nicht ausreichende Förderung bzw. Praktizierung des biologischen (ökologischen) Landbaus. Auf Deutschland bezogen weist der biologische Landbau seit über zwei Jahrzehnten zwar hervorragende Wachstumszahlen auf, nimmt aber trotzdem nur rund 4,9 Prozent der gesamten landwirtschaftlich genutzten Flächen für sich in Anspruch.[1] Wegen der kontinuierlichen Wachstumszahlen wird vom sogenannten »Bio-Boom« gesprochen. Immer mehr Menschen möchten Lebensmittel aus biologischem Landbau essen. Deshalb drängen auch immer mehr Discounter auf den boomenden Bio-Markt. Dadurch werden immer mehr Waren industriell und rund um den Globus erzeugt und der Bio-Markt wurde anfällig für Betrüger. Zudem wurden in den letzten Jahren in der Europäischen Union zahlreiche Öko-Standards (EG-Öko-Verordnung) verweichlicht. Deshalb ist ganz sicher nicht mehr alles, was wir als biologisch hergestellte Lebensmittel kaufen, auch wirklich biologisch. Dies wurde für das Magazin »Der Spiegel« recherchiert und wurde als »Spiegel-Thema« in der Ausgabe 36 vom 03.09.2007 veröffentlicht. Drittens, die Stagnation der genossenschaftlichen Einrichtungen mit alternativen Produktions- und Arbeitskonzepten.

Für die Bereiche der alternativen Konzepte zur Schonung der Natur und Umwelt, zum Erhalt der Biodiversität, zur Substitution der natürlich begrenzten Ressourcen, für das Transport- und Verkehrswesen oder die Energieerzeugung und -nutzung sind zwar zum Teil ganz beachtliche Fortschritte zu verzeichnen, die

---

[1] »Ende 2006 wurden in Deutschland 825.539 Hektar landwirtschaftliche Fläche (LF) von 17.557 Betrieben nach den EU-weiten Regelungen des ökologischen Landbaus bewirtschaftet. Damit erhöhte sich, bezogen auf das Vorjahr, die Zahl der Öko-Betriebe um 537 (+3,2 Prozent) und die nach den Regelungen der EG-Öko-Verordnung bewirtschaftete Fläche um 18.133 Hektar (+2,2 Prozent). Der Öko-Anteil an der Gesamtzahl der landwirtschaftlichen Betriebe lag im Jahr 2006 bei 4,6 Prozent (Vorjahr 4,3 Prozent), der an der Gesamtfläche bei 4,9 Prozent (Vorjahr 4,7 Prozent). Nach Angaben des Bund Ökologische Lebensmittelwirtschaft (BÖLW) stieg die Zahl der verbandsgebundenen ökologischen Erzeugerbetriebe um 39 Betriebe auf insgesamt 9.645 Betriebe. Die ökologisch genutzten Anbauflächen der verbandsgebundenen Bio-Betriebe nahmen dem BÖLW zufolge um 15.193 Hektar auf insgesamt 562.792 Hektar zu. Damit hat die ökologisch bewirtschaftete Verbands-Fläche insgesamt um 2,8 Prozent zugenommen« (Quelle: Internet: www.soel.de/oekolandbau/deutschland_ueber.html).

aber dennoch viel zu klein im Verhältnis zu den nicht alternativen bzw. nicht nachhaltigen Vorgehensweisen in der Praxis ausfallen, um etwas am bestehenden Fortschrittsmuster ändern zu können.[1] Auch die Initiativen und Förderungen alternativer Lebensstile, die beispielsweise Wohnen und Arbeiten sowie Produzieren und Konsumieren unter ökologisch nachhaltigen Infrastrukturen ermöglichen, sind völlig unzureichend, um an den bestehenden Strukturen etwas im nennenswerten Umfang zu ändern.[2]

Weil Menschen überwiegend nur dann investieren, wenn sie daraus einen unmittelbaren Nutzen erzielen, leiden auch immer mehr soziale Bewegungen und ihre Institutionen, die sich für gesellschaftliche Alternativen bzw. andere Fortschrittsmuster engagieren, unter Mangel an Mitarbeitern, die dafür die erforderliche Arbeit leisten, oder an Menschen, die sie zumindest finanziell und dadurch ideell unterstützen. Dies war zwar mehr oder weniger schon immer so, aber hat sich in den letzten Jahren verschärft und ist im Wesentlichen darauf zurückzuführen, dass weniger Menschen als je zuvor an eine ernst zu nehmende Alternative gegenüber den gesellschaftlichen Realitäten glauben. Der Mut und die Motivation, alternative Wege jenseits der Massenkultur zu beschreiten, die in den späten 1960er-Jahren bis in die 1980er-Jahre hauptsächlich jüngere Menschen anzog, ist heute nahezu verschwunden. Deshalb nehmen immer weniger Menschen die Rolle des Davids gegenüber dem Goliath in Form der dominierenden industriell-kapitalistischen Strukturen für sich an.

---

[1] Etwa durch starkes Wachstum in den letzten zwei Dekaden an alternativer Energieerzeugung durch Solar- und Windkraftwerke und durch die erhebliche Optimierung von Recyclingprozessen bei vielen Rohstoffen.

[2] Mit Niedrigenergiehäusern, geringer Bodenversiegelung, kurzen Transportwegen, der Verwendung regionaler Ressourcen und Lebensmittel, der Integration von Pflanzen und Tieren auch in die Arbeitsbereiche der Menschen und weiteren ökologisch nachhaltigen Kriterien.

Ich selbst beobachte seit über drei Jahrzehnten die Alternativbewegung, die kritischen Wissenschaften und die neuen sozialen Bewegungen überwiegend im deutschsprachigen Raum, besonders solche, die der Zukunfts- und Friedensbewegung zuzuordnen sind. In diesen Jahrzehnten habe ich einige Initiativen unterstützt, an Gründungen von kleineren Nichtregierungsorganisationen (Non-Governmental-Organizations – NGOs) mitgewirkt und mich an verschiedenen Projekten inhaltlich beteiligt. Zwangsläufig stand und stehe ich dabei mit sehr vielen Akteuren in Kontakt. Der Befund, dass die Bereitschaft in der Bevölkerung, sie finanziell oder durch Mitarbeit zu unterstützen, seit Jahren rückläufig ist, wird von allen Akteuren, mit denen ich über dieses Problem gesprochen habe, uneingeschränkt geteilt. Egal, um welche soziale Bewegungen es sich handelt, die Arbeit lastet immer auf wenigen Menschen.

Dieser Trend ist in den Ländern des Südens im Prinzip umgekehrt. Dort engagieren sich zunehmend mehr Menschen in den NGOs für den Umweltschutz, für die Wahrnehmung ihrer Rechte, gegen Menschenrechtsverletzungen und Missstände unterschiedlichster Provenienz, in verschiedenen Entwicklungsprojekten, in Projekten für die Verbesserung der Lebensbedingungen der indigenen Völker und in vielen anderen NGOs. Sie wollen dazu beitragen, die Lebensbedingungen der Menschen zu verbessern oder sie leisten unterschiedliche Arbeit in ihren Gesellschaften, weil die Politik und die dominierenden Strukturen dort bestimmte Entwicklungen nicht zulassen oder sogar verhindern, wie beispielsweise die Gleichstellung von Frauen in der Gesellschaft oder den allgemeinen und garantierten Zugang zu Bildungsinstitutionen. Anders als in den meisten Ländern des Nordens müssen die Menschen im Süden um sehr vieles kämpfen, was bei uns mittlerweile als Standard gilt oder größtenteils auch in vielen Jahrzehnten erkämpft wurde. Weil dort die gesellschaftlichen Probleme um ein Vielfaches gravierender sind als im Norden, ist es auch logisch, dass dort mehr Menschen versuchen, ihre Zukunft oder ihre Schicksale selbst in die Hand zu nehmen bzw. für ein besseres Leben zu kämpfen. Dementsprechend entstanden im Süden in den letzten Jahrzehnten auch wesentlich mehr NGOs als andernorts auf der Welt.

Sicherlich sind auch die Trends zur Individualisierung und Vereinzelung, die etwa seit den 1980er-Jahren festzustellen sind, dafür mitverantwortlich, dass sich in den alten Industriegesellschaften selbst keine alternativen Fortschrittsmuster entwickeln, die gesellschaftlich relevant werden könnten. Dazu trifft die folgende Untersuchung zu, die ergab, »[...] dass die Generation der Nach-68er zwar das individualistische Element der sechziger Jahre beibehalten hat, umgekehrt aber politisches Engagement und jeden Versuch, die Gesellschaft zu verändern, ablehnt. Zwei Drittel aller Deutschen unter 30 Jahren erklären, daß ihnen eine hedonistische Lebensweise am wichtigsten sei und nicht, politisch aktiv zu werden« (Wilkinson 1997, S. 112). Vergleichbare Einstellungen sind in anderen großen Industriegesellschaften festgestellt worden (ebd., S. 112 – 114). Die gesellschaftlichen und politischen Trends im 21. Jahrhundert zeigen deutlich auf, dass sie sich in den Bevölkerungen noch weiter verfestigt haben. Zudem fördern neuere gesellschaftliche Entwicklungen im Kontext der wirtschaftlichen Globalisierung auch egoistische Wert- und Handlungsmuster bei Menschen aller Altersklassen bzw. mindern das allgemeine Interesse, sich für die Gesellschaft zu engagieren. Zu diesen neueren gesellschaftlichen Entwicklungen zählen vor allem die schleichende Auflösung der lange Zeit bestehenden Sicherheiten auf den Arbeitsmärkten und die deutliche Minderung von Qualität und Leistungen in den sozialen Sicherungssystemen. In der heutigen Zeit wachsender Zukunftsängste und der allgemeinen Skepsis gegenüber der Politik, die den Menschen keine glaubwürdigen Zukunftsvisionen mehr vermitteln kann, sondern sie immer wieder aufs Neue mit immer neuen Ungewissheiten und Unannehmlichkeiten konfrontiert, scheinen sich die Menschen immer mehr auf sich selbst zurückzuziehen. Das bedeutet letztendlich, dass sie weniger an der Gestaltung der Gesellschaft bzw. ihrer Institutionen mitwirken wollen. Vielfach können sie dies auch aus ganz praktischen Gründen nicht, wenn sie, wie in den USA und auch immer mehr in Europa, mehrere Jobs benötigen und oft bis zu zwölf Stunden und mehr am Tage arbeiten müssen, um ihr Leben bzw. das ihrer Familien finanzieren zu können, weil ein Job allein durch zu schlechte Bezahlung dafür nicht ausreicht. Vergleichbares trifft auch für viele Menschen zu, die zwar nur einen Job zum Überleben brauchen, der sie aber vielfach aufgrund der höheren Anforderungen an Flexibilität und gestiegenem Leistungsdruck in den Unternehmen physisch und psychisch stärker als noch vor zehn oder zwanzig Jahren belastet. Dann bleibt verständlicherweise bei den davon Betroffenen weder Zeit noch Energie übrig, sich auch noch für die Gesellschaft zu engagieren.

Aus der ursprünglichen Alternativbewegung haben sich jedoch, trotz der oben aufgeführten Entwicklungen, viele NGOs bilden können, die neben und innerhalb ihrer vielfältigen Aufgaben auch Kritik am dominierenden Fortschrittsmuster ausüben.[1] Sie sind zudem seit vielen Jahren in der Lage, sich wesentlich mehr Aufmerksamkeit in der Gesellschaft zu verschaffen. Viele NGOs wurden nach und nach professionalisiert und sind überwiegend ähnlich strukturiert und durchorganisiert wie Unternehmen aus der Wirtschaft. So sind, trotz ihrer Kritik am politischen und wirtschaftlichen Establishment, etwa Greenpeace, der World Wildlife Fund For Nature (WWF) oder Amnesty International als sehr bekannte Beispiele für global operierende und professionell organisierte NGOs, die im Kampf für eine bessere Welt stehen, mehr oder weniger fest in die Strukturen der modernen westlichen Zivilisation integriert. Dagegen werden in den Ländern des Südens und Ostens viele NGOs von

---

[1] Eine detaillierte Übersicht über die Betätigungsfelder der NGOs gibt es im Internet: www.ngo.org

Darüber hinaus decken NGOs überall auf der Welt Skandale auf und prangern Missstände öffentlich an, die dann nicht selten zu gesellschaftlichen Diskussionen führen. Auf der anderen Seite werben die NGOs genauso, wie sie Missstände und von Menschen gemachte Katastrophen und Fehlentwicklungen anprangern, für Konzepte, die dazu beitragen, dass vieles besser werden könnte, unnötiges menschliches Leid verhindert werden kann und die Biosphäre der Erde geschont wird. Damit wirken sie auf vielfältige Weise auch aufklärend. Ihre ungemein wichtige Arbeit wird daher dringend benötigt. Nicht zuletzt deswegen sind spätestens seit den 1990er-Jahren viele NGOs zu unentbehrlichen Partnern in der Politik geworden. Der Staat ist auf sie für Umwelt- und Entwicklungsprojekte in den Ländern des Südens und Ostens geradezu angewiesen, weil er diese Arbeit überwiegend nicht durch seine staatlichen Institutionen leisten kann und ihm dazu auch die personellen Kapazitäten fehlen. Darüber hinaus arbeiten viele NGOs mit kleinen Unternehmen bis hin zu global agierenden Konzernen zusammen, um etwa wirksame Strategien zur Verminderung von Umweltschäden und die dafür erforderlichen Maßnahmen mit auszuarbeiten, zu koordinieren und zu überwachen (vgl. auch Diamond 2006, S. 547). Die NGOs, die auf den jährlich stattfindenden Weltwirtschaftsgipfeln die sogenannten Gegengipfel veranstalten, sind zwar unbequeme, aber dennoch gefragte und anerkannte Partner, um mit Politikern, Unternehmern und Wirtschaftsmanagern Lösungen gegen Massenarbeitslosigkeit, Armut und Hunger, Menschenrechtsverletzungen, Umweltzerstörung u. v. a. zu erarbeiten oder um Strategien zur Minderung der durch uns Menschen verursachten globalen Erderwärmung mitzuentwickeln.

Die Aktivisten in den NGOs können jedoch durch ihre oftmals großartige Arbeit für den Umweltschutz, in den Projekten der Entwicklungszusammenarbeit, beim Zustandekommen von internationalen Verträgen (zum Beispiel beim Kyoto-Protokoll), in der Aufklärung der Öffentlichkeit über die Zukunftsfragen den Regierungen äußerst kritisch betrachtet, vielfach bei ihrer Arbeit behindert und in einigen Ländern sogar nicht anerkannt bzw. zugelassen. Darüber hinaus sind viele Aktivisten oftmals schweren Repressalien ausgesetzt, wobei Morddrohungen, Einschüchterungsversuche und an ihnen begangene Morde keine Ausnahmen sind.

Weltweit existieren zudem mehrere Zehntausend kleinere NGOs, die unterschiedlich organisiert sind. Die meisten von ihnen existieren durch Mitgliedsbeiträge, Spenden, öffentliche Zuschüsse und ganz besonders durch die Arbeit ihrer Mitglieder. Nur größere NGOs verfügen über einige fest angestellte Mitarbeiter, die viel Arbeit unter oftmals schlechten Bedingungen für eine zu geringe Entlohnung leisten, aber dennoch arbeiten sie nicht selten hoch motiviert. Sie sind es, weil sie an die Gestaltbarkeit der Gesellschaft glauben und dafür ihre Lebensenergie für Projekte der nachhaltigen Entwicklung und zur Minderung menschlichen Leids einbringen.

In Deutschland erhalten größere NGOs Aufträge von Kommunen und Ministerien sowie staatliche Zuschüsse. Sie erhalten vielfach auch Aufträge von Wirtschaftsunternehmen. Dabei legen die NGOs großen Wert darauf, dass sie durch diese Zusammenarbeit keine Abhängigkeiten aufbauen, also unbeeinflusst arbeiten können. Dadurch bleiben sie glaubwürdig und können mehr Erfolge in der Praxis erzielen. Sie sind schon sehr lange aufgrund ihrer finanziellen und logistischen Ausstattung in der Lage, gezielte Öffentlichkeitsarbeit zu leisten. Aber ganz besonders treten sie in der Öffentlichkeit in Erscheinung, um ihre Kritik an lokalen und globalen Missständen darzulegen. Kaum eine kritische Reportage in den Zeitungen, im Radio oder im Fernsehen über Umweltskandale, Kriege, Konflikte, katastrophale Zustände, Menschenrechtsverletzungen, fehlerhafte Entwicklungspolitik u. v. a. kommt ohne die oftmals präzisen Hintergrundinformationen aus, die Aktivisten von Greenpeace, dem WWF, Amnesty International und ungezählter anderer NGOs liefern.

der Menschheit und bei all ihren Bemühungen zur Verbesserung der Lebens- und Überlebensbedingungen von Menschen und gegen die Zerstörung der Biosphäre nichts Grundlegendes an den *Ursachen* ändern, die zur globalen Krise führten, weil sie letztendlich das dominierende Fortschrittsmuster *nicht* ändern können. Sie arbeiten aber mit mehr oder weniger Erfolg daran, die negativen Folgen bzw. Schäden des bestehenden Fortschrittsmusters zu korrigieren, zu begrenzen und teilweise zu beheben. Das bedeutet natürlich nicht, dass die Aktivisten in den NGOs nicht für ein anderes Fortschrittsmuster wären. Das Gegenteil ist der Fall. Sie wissen aber, dass sie nicht annähernd die Macht und die Möglichkeiten haben, um ein nachhaltiges Fortschrittsmuster beispielsweise auf Basis der Fortschrittsphilosophie der AGENDA 21[1] durchsetzen zu können, das relevante Verbesserungen in qualitativer und quantitativer Hinsicht für Mensch und Biosphäre hervorbringen könnte. Das wäre nur möglich, wenn sich die Gesellschaft mehrheitlich für die konsequente Umsetzung der AGENDA 21 entscheiden würde und sich daran alle gesellschaftlich relevanten Institutionen sowie die Bevölkerungsmehrheit aktiv beteiligen würden. Das ist und bleibt aber eine Utopie, denn bislang hat sich bewahrheitet, dass alle Aktivitäten, die von NGOs und anderen Akteuren für die AGENDA 21 durchgeführt wurden oder die zurzeit durchgeführt oder auf den Weg gebracht werden, leider angesichts der globalen Problemlage bisher bestenfalls als kosmetische Reparaturen der durch uns Menschen veränderten Natur und Umwelt zu bewerten sind (vgl. Mittelstaedt 2004, S. 57 – 89).

---

[1] Auf der Rio-Konferenz im Jahre 1992 wurden die Klima-Konvention, die Artenschutz-Konvention und eine Erklärung zum Schutz der Wälder in den Ländern des Nordens und der tropischen Regenwälder des Südens von den Teilnehmerstaaten unterzeichnet. Das wichtigste Dokument dieser Konferenz war die AGENDA 21. An ihrem Zustandekommen haben sehr viele NGOs mitgearbeitet. Mit ihren 40 Kapiteln spricht sie alle relevanten Bereiche menschlichen Lebens an, die für eine nachhaltige Entwicklung von essenzieller Bedeutung sind (vgl. AGENDA 21).

Durch ihre vielfältigen Aktivitäten tragen aber die NGOs dazu bei, dass die Chance gewahrt bleibt, dass eines Tages ihre Arbeit viel größere Bedeutung erlangt, nämlich dann, wenn das bestehende Fortschrittsmuster nicht mehr aufrecht zu halten ist und Alternativen und drastische Kurskorrekturen zwingend notwendig werden. Viele Menschen in den NGOs verfügen durch ihre praktische Arbeit nicht nur über das Know-how, um die vielfältigen Missstände unserer Welt zu lindern, sondern auch über fundiertes Wissen, um das *zukunftsunfähige* Fortschrittsmuster umzubauen bzw. es so gut wie möglich nachhaltig zu gestalten.

Die NGOs, die auch als »das Weltgewissen« apostrophiert werden, bekommen aber für ihre wichtige Arbeit zu wenig Unterstützung von der Bevölkerung und so gut wie keine von den politischen Parteien. Dass ihre Arbeit in aller Regelmäßigkeit auch zu gesellschaftlich relevanten Diskussionen und wichtigen politischen Kurskorrekturen führt, liegt an der Tatsache, dass die NGOs sich neben den Medien bzw. der sogenannten vierten Gewalt im Staat (neben Exekutive, Legislative und Judikative), aufklärenden Büchern, Gesellschaftskritikern und engagierten Einzelpersonen, in den letzten Jahren als eine Form »außerparlamentarischer Weltopposition« positioniert haben. Diese Entwicklung war wichtig, denn gerade das noch junge 21. Jahrhundert zeigte bislang, dass Politik im Allgemeinen und politische Parteien im Besonderen aus sich heraus nicht über die Substanz verfügen, konkrete Alternativen zum bestehenden Fortschrittsmuster vorzuschlagen oder dafür tragfähige Visionen in die Diskussion zu setzen. Schon Friedrich Hölderlin sagte: »Wo aber Gefahr ist, da wächst das Rettende auch!«

Und wie sieht es in der Politik aus? Engagiert sie sich in irgendeiner Form für alternative Fortschrittsmuster? Nein, denn in den ökonomisch dominierenden Industrienationen gibt es keine regierende oder mitregierende Partei, die sich aktiv für ein anderes Fortschrittsmuster als dem bestehenden einsetzt.

Ein besonders drastisches Beispiel dafür ist die Wandlung der Partei »Bündnis90/Die Grünen« in Deutschland seit den späten 1990er-Jahren, die ihren Ursprung in der Friedens- und Umweltbewegung hat. Diese Partei ist angetreten, auch um Inhalte der Alternativbewegung politisch zu diskutieren, die damit verbundenen Wertvorstellungen bekannter zu machen und sie zum Teil durchzusetzen. Heute haben, ganz besonders auf der bundespolitischen Ebene, friedens- und umweltpolitische Inhalte in dieser Partei keine größere Bedeutung mehr als in den meisten anderen Parteien. Die ökologischen Aussagen und Konzepte in Richtung der nachhaltigen Entwicklung sind in den Parteiprogrammen von SPD, CDU, CSU, FDP qualitativ nicht wesentlich anders als in dem der Partei »Bündnis90/Die Grünen« formuliert. Darüber hinaus sind in der realen Politik dieser Partei, speziell was die Bundespolitik betrifft, Unterschiede zu anderen etablierten Parteien immer weniger festzustellen. Themen aus der Alternativbewegung sind bei »Bündnis90/Die Grünen« geradezu tabuisiert worden. Damit ist sie mehr oder weniger eine »ganz normale Partei« geworden mit dem Unterschied, dass sie besonders auf der Bundesebene in ihrer inhaltlichen Arbeit im Unterschied zu anderen Parteien fast vollständig ihre Entstehungsgründe, ihre Existenzgrundlage bzw. Identität verleugnet. Darüber hinaus hat sie sich zu einer Alternativpartei des gehobenen Mittelstandes in Deutschland etabliert und schöpft deshalb auch Stimmen von strukturkonservativen Parteien ab.

In den anderen Industriegesellschaften des Nordens sind die Parteienlandschaften ähnlich eindimensional auf das bestehende Fortschrittsmuster fixiert. Die Feststellung ist zutreffend, dass das Spektrum der Parteien ein Spiegel der Gesellschaft ist, die nicht ernsthaft an Alternativen zum bestehenden Fortschrittsmuster interessiert ist.

Obwohl hinreichend bekannt sein sollte, dass das bestehende Fortschrittsmuster dabei ist, bar jeglicher Vernunft und wider besseren Wissens die Menschheit in den Ruin zu führen, wird in weiten Kreisen der Politik, Wirtschaft, Wissenschaft und Technik mehr denn je an ihm festgehalten. Darüber hinaus wird völlig unzureichend über Alternativen, wie etwa die Bewertung des Fortschritts nach qualitativem Wachstum (vgl. auch Mittelstaedt 1988), über ökologisch und human nachhaltige Wirtschaftskonzepte und Lebensstile oder der Verwirklichung der Fortschrittskonzepte, wie sie in der AGENDA 21 beschlossen wurden, nachgedacht.

Ein Auszug aus einem Protokoll einer Plenarsitzung des Deutschen Bundestags, die vor über einem Jahrzehnt abgehalten und in der das dominierende Fortschrittsmuster thematisiert wurde, belegt, dass dieses Wissen vorhanden ist. Aber das bestehende Fortschrittsmuster wurde auch in dieser langen Zeit nicht korrigiert. Im Gegenteil, im Kontext der wirtschaftlichen Globalisierung wurde es stärker denn je gefördert. So Ursula Burchardt (SPD): »Herr Präsident! Meine Damen und Herren! 1995 geht als Rekordjahr der wesentlich vom Menschen verschuldeten Naturkatastrophen in die Geschichte ein. Die weltweite Schadensbilanz: 180 Milliarden Dollar. Die Folgen: neues Elend, Existenzvernichtung, Armut, Flüchtlingsströme in der Dritten Welt. Zu diesem Urteil kommen nicht weltfremde Ökofundis, sondern die Münchner Rückversicherung. 1995 ist auch das Rekordjahr der Arbeitslosigkeit in der Geschichte der Bundesrepublik. Umweltzerstörung und Massenarbeitslosigkeit sind die zentralen Probleme des ausgehenden 20. Jahrhunderts. Beide sind weder mit begrenzter Standortperspektive noch mit Deregulierungsaktionismus zu lösen. Das Dilemma läßt sich treffend mit einem Bild von Bert Brecht charakterisieren: Sie sägten die Äste ab, auf denen sie saßen, und schrien sich zu ihre Erfahrungen, wie man schneller sägen könnte, und fuhren mit Krachen in die Tiefe, und die ihnen zusahen, schüttelten die Köpfe beim Sägen und sägten weiter [...]. Zukunftsfähige, das heißt nachhaltige Entwicklung erfordert Innovation, und Innovation fängt im Kopf an. Es gibt heute genügend gesichertes wissenschaftliches Wissen darüber, daß das bisherige Fortschrittsmuster die Probleme unserer Zeit nicht mehr löst, sondern vielmehr selbst Verursacher dieser Probleme ist. Die drei Grundannahmen dieses Modells taugen nicht mehr für die Anforderungen des 21. Jahrhunderts. Erstens: Klassisches Wachstum in hochentwickelten Industriegesellschaften schafft nicht zwangsläufig mehr Arbeitsplätze. Auf lange Sicht wird – auch global – weder Hunger bekämpft, noch gibt es Wohlstand für alle. Zweitens: Natur steht nicht kosten- und grenzenlos zur Verfügung. Es führt in die Sackgasse, immer mehr Rohstoffe zu fördern und immer schneller neue Waren auf den Markt zu bringen. Das ist der sicherste Weg, das ›natürliche Kapital‹ aufzubrauchen. Wer meint, so den Standort Deutschland sichern zu können, gefährdet den Standort Erde. Drittens: Der Glaube an die Allmacht technischer Lösungen ist inzwischen ein Aberglaube. Es sind nur noch die Ewiggestrigen, die auf den quasi naturwüchsigen Segen von Technik vertrauen. Damit kein Zweifel aufkommt: Wir brauchen nicht weniger, sondern mehr Fortschritt. Doch der Fortschritt braucht eine neue Richtung« (Deutscher Bundestag: Plenarprotokoll 13/80 vom 18.01.1996 Seite: 07055).

Fazit: Seit der Globalisierung der Ökonomie nach kapitalistischen Spielregeln mit dem Ende des Ost-West-Konfliktes praktisch keine Grenzen mehr im Wege stehen, hat sich das auf Wirtschaftswachstum und wissenschaftlich-technischen Innovationen basierende Fortschrittsmuster, von ganz wenigen Ausnahmen einmal abgesehen, unbestreitbar global durchgesetzt. Wirkliche Alternativen zum bestehenden Fortschrittsmuster führen weltweit ein Nischendasein.

Globale zivilisatorische Rückschritte

Vor der globalen Krise kann heute niemand mehr die Augen verschließen. Immer häufiger gelangen Schlagworte und Hintergrundinformationen in die Massenmedien über Themen wie globaler Klimawandel bzw. globale Erderwärmung, Verlust der biologischen Vielfalt (Biodiversität), Verknappung und Verseuchung von Süßwasservorkommen, Entwertung der natürlichen Flächen (Bodendegradation), Wüstenbildung (Desertifikation), Gesundheitsgefährdungen durch die Gefahr globaler Seuchen (Pandemie etwa durch die Vogelgrippe), Gefahr der Ausbreitung völlig neuer Zivilisationskrankheiten (SARS, Ebola), Gefährdung der Ernährungssicherheit und die Vergrößerung der Kluft zwischen armen und reichen Menschen. Alles Schlagworte, die mehr oder weniger aussagen, dass sich die Lebensbedingungen für einen großen Teil der Menschheit in den letzten Jahrzehnten nicht verbessert haben. In vielen Bereichen, die für das Leben gegenwärtig und in der näheren Zukunft von essenzieller Bedeutung sind, weisen fast alle Länder große Rückschritte und enorme zivilisatorische Defizite auf. Diese sind ganz ohne Frage auch als Niederlagen für die gesamte menschliche Zivilisation zu bewerten. Dabei sind viele Komponenten, die heute unter dem Begriff der globalen Krise subsumiert werden, größtenteils erst in den letzten Jahrzehnten oder sogar erst in den letzten Jahren durch Fehlentwicklungen entstanden, die von Menschen eingeleitet wurden.

Die größten globalen Rückschritte und zivilisatorischen Niederlagen äußern sich ganz unmissverständlich durch den Anstieg der Konflikte und Kriege in den Ländern des Südens und Ostens nach dem Ende des Ost-West-Konfliktes und durch den vermehrten Hunger auf der Welt.[1] »Alle fünf Sekunden sterbe ein Kind an Mangel- oder Fehlernährung und damit verbundenen

---

[1] Siehe auch im Internet: www.thehungersite.com

Krankheiten, erklärte der Sonderberichterstatter der Vereinten Nationen für das Recht auf Nahrung, Jean Ziegler, in einem Bericht an die UNO in New York im Oktober 2006. Er sprach von einer ›Schande für die Menschheit‹. Nach den Erkenntnissen der Welternährungsorganisation FAO könnte die Erde zwölf Milliarden Menschen ernähren, wenn die Nahrung gerechter verteilt würde – doppelt so viel wie derzeit auf dem Planeten lebten, sagte Ziegler. Trotz wiederholter Versprechungen der Staatengemeinschaft, den Hunger zu beseitigen, wachse die Zahl der Hungernden aber weiter an« (Pressemittelung der Deutschen Stiftung Weltbevölkerung – DSW vom 30.10.2006).

Unterernährung ist eine Folge von Hunger. Er kann nicht ernst genug genommen werden mit seinen extremen Auswirkungen auf die davon betroffenen Menschen, die sich beispielsweise ein Durchschnittseuropäer nicht richtig vorstellen kann. Könnte er sie sich wirklich vorstellen, so würde ganz sicher viel mehr gegen den Hunger auf der Welt unternommen werden. Aber der Durchschnittseuropäer hat wenig Empathie für die Hungernden und im Elend lebenden Menschen. Die Massenmedien berichten zwar in aller Regelmäßigkeit und aus den unterschiedlichsten Blickwinkeln über den Hunger auf der Welt, aber es sind nur Berichte, Bilder, Filmsequenzen. Diese können nicht die Totalität des Hungers, wie er beispielsweise in vielen Ländern Afrikas und in großen Teilen Asiens existiert, vermitteln. Jemand, der diese Wirklichkeit erfassen bzw. mitfühlen und dadurch nachvollziehen kann, muss selbst einmal unter Hunger und Elend gelitten haben. Durch die regelmäßigen Berichte in den Massenmedien und unsere Unfähigkeit, die Wirklichkeit von Hunger und Elend zu erfassen, wird von allen Beteiligten in gewisser Weise *ungewollt* das Elend der Welt bagatellisiert. Überdies werden die psychisch belastenden Bilder und Fakten auch verdrängt. Zugleich werden wir dadurch auch abgestumpft, weil wir damit in aller Regelmäßigkeit konfrontiert werden. Diese Abstumpfung trägt sicherlich auch dazu bei, dass wir uns gesellschaftlich zu wenig mit den Ursachen beschäftigen, warum Hunger, Verelendung und Verarmung auf der Welt heute in so großem Ausmaß überhaupt existieren. Auch der internationale Terrorismus unterschiedlichster Provenienz, besonders der von islamischen Fundamentalisten geprägte, findet seinen Nährboden nicht allein, aber sicherlich auch in der Verarmung und Verelendung breiter Bevölkerungsschichten in den armen Ländern des Südens. Durch sie werden die Selbstmordattentäter und bestialischen Terroristen, die nicht immer aus armen, sondern teilweise auch aus wohlhabenden Familien stammen und oft akademische Laufbahnen sowie gute bis sehr gute Bildung besitzen, moralisch unterstützt, obwohl sie von den Bevölkerungen dazu überhaupt kein »Mandat« haben. Nach NineEleven wurde in der internationalen Berichterstattung mehr über den Terrorismus und seinen Folgen, insbesondere über die Kriege in Afghanistan und Irak, berichtet als über andere Themen; denn zu keiner Zeit gab es weltweit so viele terroristische Anschläge mit oftmals verheerenden Opferzahlen und beträchtlichen materiellen Zerstörungen. Auf der politischen Agenda des Nordens, ganz besonders in den USA, wurde der sogenannte »Kampf gegen den Terror« ganz hoch priorisiert. Die eingesetzten Mittel konnten aber nachweislich den internationalen Terrorismus nicht eindämmen, sondern haben ihn sogar erheblich verschlimmert. Es gilt längst als erwiesen, dass die Welt durch die Politik im sogenannten »Kampf gegen den Terror« nicht sicherer, sondern unsicherer geworden ist. Dieser Sachverhalt ist umso schlimmer, weil der weltweite Gesamtaufwand zur Bekämpfung des Terrors seit NineEleven jährlich viele Hundert Milliarden US-Dollar beträgt. Besonders die Kriege der USA und einiger Verbündeter in Afghanistan und im Irak zur Zerschlagung des Taliban-Regimes bzw. des Al-Qaida-Netzwerkes waren außerordentlich kontraproduktiv, um den internationalen Terrorismus zu bekämpfen. Afghanistan und Irak sind heute zu Hochburgen des Terrorismus geworden. Die

Kriege haben in beiden Ländern die Situation nicht verbessern können. Diese sehr kritischen Feststellungen wurden überraschenderweise am 25.09.2006 durch einen Bericht der US-Geheimdienste bestätigt. Der Irak-Krieg hat nach Auffassung der US-Geheimdienste eine neue Generation von extremistischen Muslimen heranwachsen lassen. Die 16 US-Geheimdienste sind bei einer gemeinsamen Analyse zu dem Schluss gekommen, dass seit NineEleven weltweit die Terrorgefahr zugenommen habe, berichtete die »New York Times« unter Berufung auf den vertraulichen Bericht der Geheimdienste. Laut »Washington Post« entstanden seitdem viele neue und unabhängige Zellen ohne direkte Anbindung an das Al-Qaida-Netzwerk von Osama Bin Laden. Sie ließen sich von den mehr als 5.000 radikal-islamischen Internetseiten und deren Botschaft inspirieren, der Westen habe den Irak-Krieg als Beginn seines Kreuzzugs gegen den Islam benutzt. Der Bericht »Trends im weltweiten Terrorismus: Auswirkungen für die USA« gibt erstmals seit dem Einmarsch der US-geführten Streitkräfte im März 2003 in den Irak eine umfassende Einschätzung der Geheimdienste zur weltweiten Terrorentwicklung ab. Für die Ausbreitung des islamistischen Terrorismus nennt der Geheimdienstbericht vier Gründe: (1) Tief verwurzelte Missstände wie Korruption, Ungerechtigkeit und die Angst vor einer Dominanz des Westens, die zu Wut, Demütigung und einem Gefühl der Machtlosigkeit führen. (2) Den Dschihad (Heiligen Krieg) im Irak. (3) Das langsame Tempo bei wirklichen und nachhaltigen ökonomischen, sozialen und politischen Reformen in vielen muslimischen Ländern und (4) die unter den Muslimen überall vorhandene anti-amerikanische Stimmung (vgl. auch im Internet: faz.net vom 27.09.2006).

Dagegen fällt zur Bekämpfung des Hungers auf der Welt und gegen die Malaria der weltweite Gesamtaufwand im Vergleich zu den finanziellen Mitteln gegen den sogenannten »Kampf gegen den Terror« unvorstellbar klein aus. Dazu ein Vergleich: An einem einzigen Tag sterben weitaus mehr Menschen an den Folgen des Hungers und an der Malaria-Erkrankung als durch den weltweiten Terrorismus in der relativ langen Zeitspanne vom 11.09.2001 bis zum Erscheinen dieses Buches im Frühjahr 2008. So sterben zum Beispiel pro Jahr ein bis drei Millionen Menschen an der Malaria-Erkrankung. Nach den Ende des Jahres 2004 veröffentlichten Erhebungen der UN-Organisation für Ernährung und Landwirtschaft (FAO, Rom) litten zu Beginn des 21. Jahrhunderts weltweit 852 Millionen Menschen an chronischer Unterernährung. Mit jährlich etwa 30 Millionen Opfern, darunter 6 Millionen Kinder, sind Unterernährung und ihre Folgen die häufigste Todesursache.

Hier stimmen also die Relationen schon lange nicht mehr. Alle Staaten versagen moralisch, die den sogenannten »Kampf gegen den Terror« finanziell und politisch puschen und zwangsläufig damit höher bewerten als den Kampf gegen den Hunger auf der Welt – ganz besonders die USA. Aber auch die Europäische Union verhält sich im Kampf gegen den Hunger in der Welt nicht viel anders, weil auch sie den Kampf gegen den Terror politisch viel höher bewertet und finanziell wesentlich besser ausstattet als den gegen den Hunger.

Auch fällt seit vielen Jahren die internationale Hilfe für die armen Länder des Südens immer schlechter aus, obwohl eine stärkere finanzielle und materielle Unterstützung durch Entwicklungshilfe am besten die Ursachen des Terrors bekämpfen würde.[1] Natürlich muss es eine Entwicklungspolitik und -hilfe

---

[1] Der Anteil der Entwicklungshilfe der 15 wichtigsten Geberländer ist von durchschnittlich 0,33 Prozent der Bruttosozialprodukte dieser Länder im Jahre 1992 auf nur noch 0,22 Prozent im Jahre 2000 gefallen (Worldwatch Institute 2002, S. 299). Das erstmals am 24.10.1970 auf der UN-Vollversammlung aufgestellte Ziel, dass die Industriegesellschaften mindestens 0,7 Prozent ihrer nationalen Bruttosozialprodukte als Entwicklungshilfe aufbringen sollte, wird damit seit nunmehr fast vier Jahrzehnten dramatisch verfehlt. Deutschland leistete im Jahre 2004 nur 0,28 Prozent seines Bruttosozialproduktes an Entwicklungshilfe. Im Jahre 2005 stieg die Entwicklungshilfe Deutschlands zwar auf 0,36 des Bruttosozialproduktes, was aber aufgrund von einbezogenen Schuldenerlassen für den Irak, für Nigeria und anderen hoch verschuldeten Ländern zustande kam.

sein, die wirklich dazu beiträgt, dass sich die Menschen im Süden selbst entwickeln können und sie dafür eine vernünftige Basis bekommen, um die Armut zu bekämpfen. Große Teile der heutigen Entwicklungshilfegelder tragen aber dazu bei, dass die Regierungen in den Ländern Afrikas, Asiens oder Südamerikas Gelder bekommen, die sie nicht für die Armen, sondern zur Stabilisierung ihrer oftmals verheerenden Strukturen und Regierungsapparate verwenden. Darüber hinaus wird in vielen Entwicklungsländern sehr viel Geld in Waffen und in das Militär investiert. Die Rüstungsunternehmen in Westeuropa, Russland und in den USA verdienen dadurch indirekt an den Entwicklungshilfegeldern. Die Bestellungen für militärische Rüstung aus Afrika, Südamerika und Asien im neuen Jahrtausend boomen. Afrikanische Länder beispielsweise, deren Regierungen finanzielle Entwicklungshilfe erhalten, stecken dieses Geld zuerst in ihre Staatskassen, aus denen dann später auch die militärische Rüstung bezahlt bzw. »verrechnet« wird. Entwicklungshilfe kann aber nur dann wirksam sein, wenn sie unmittelbar die vorhandenen finanziellen Mittel in Entwicklungsprojekte investiert und diese Investitionen auch akribisch begleitet und strengstens kontrolliert. Das eingesetzte Geld *muss* unbedingt bei den Menschen ankommen. Entwicklungshilfe in Form von Finanzleistungen an die Regierungen ist deshalb kontraproduktiv und fördert die Strukturen, die zur Verelendung und zum Hunger beitragen.

Ernst gemeinte Entwicklungspolitik und -hilfe darf auch niemals zulassen, dass Nahrungsmittelhilfe nur bei drohenden oder schon bestehenden Hungerkatastrophen geleistet wird. Stattdessen muss präventive Vorsorge durch Hilfe zur Selbstentwicklung auf Basis sanfter und angepasster Technologien im großen Stil betrieben werden. Darüber hinaus dürfen die Diktaturen in den armen Ländern nicht durch den Norden zur Sicherung der Rohstoffquellen gestützt werden, sondern es sollten demokratische Strukturen gefördert werden, die den Frieden sichern helfen. Ernst gemeinte Entwicklungshilfe darf auch nicht zulassen, dass Abhängigkeitsstrukturen von Bauern im Süden durch den Aufbau von Saatgutmonopolen durch Konzerne aus dem Norden mit wachsendem Anteil von genmanipuliertem Saatgut gefördert werden. Ganz besonders darf die Europäische Union, will sie eine glaubwürdige Entwicklungspolitik betreiben, nicht mehr zulassen, dass hochsubventionierte Agrarprodukte auf afrikanische Märkte kommen, die dort die Bauern preislich nicht mehr unterbieten können und sie in den Bankrott treiben. Durch die Agrarsubventionen der Europäischen Union kann sich in vielen Ländern Afrikas nur sehr schwierig die Agrarwirtschaft entwickeln, was als großer Skandal zu werten ist. Ein ähnliches Problem zur Verhinderung der Entwicklung verarmter Länder ist die weitgehende Aufrechterhaltung der Verschuldungskrise des Südens gegenüber den Ländern des Nordens. Ständig werden Schuldenerlasse hinausgezögert oder nur halbherzig durchgeführt.

Entwicklungshilfe und der sogenannte »Kampf gegen den Terror« sollten anders aussehen, als Lieferungen von Landminen an die Diktaturen des Südens vorzunehmen, durch die sich die Rüstungsfirmen in den reichen Ländern des Nordens bereichern.[1] Damit fällt natürlich auch die Prävention zur Verhinderung von kriegerisch ausgetragenen Konflikten geringer aus.

Aufgrund dieser hier nur skizzenhaft dargestellten Gründe für globale Rückschritte und das Versagen des Nordens im Kampf gegen die Armut und Verelendung im Süden kann im Prinzip niemand mehr die globale Krise leugnen oder behaupten, er wisse nichts von ihr.

---

[1] Für das Jahr 2003 zählte die »Internationale Kampagne zum Verbot von Landminen« 8.065 registrierte Minenopfer. Die Hilfsorganisation »Handicap International« ging Ende 2004 von ca. 400.000 Menschen aus, die in 121 Ländern Landminen-Explosionen überlebten. Im Jahre 2005 waren noch etwa 60 bis 100 Millionen Landminen in über 80 Ländern verlegt.

Es klafft aber dennoch eine besorgniserregende Kluft zwischen dem Wissen über den Zustand der Welt und dem lokalen und globalen Handeln. Wir wissen sehr viel von unserem zukunftsunfähigen Lebensstil, aber handeln weitgehend so, als wäre alles in Ordnung. Dazu weitere Daten, die aus einem Arbeitsbericht des Instituts für Zukunftsstudien und Technologiebewertung stammen (Kreibich 2006), welche möglichst viele Menschen, insbesondere diejenigen, die wichtige Entscheidungen in Politik, Wirtschaft und Wissenschaft treffen, wissen sollten: Die Menschen *in den Industriegesellschaften* belasten *täglich* die Umwelt und die Biosphäre durch 60.000.000 Tonnen CO_2, die sie in die Atmosphäre abgeben, sie sind mitverantwortlich an der Vernichtung von *täglich* 55.000 Hektar Tropenwald und der Abnahme von *täglich* 20.000 Hektar Ackerland. Ihr Lebensstil trägt dazu bei, dass *täglich* ca. 100 bis 200 Tier- und Pflanzenarten unwiederbringlich vernichtet und die Meere der Welt *täglich* um 220.000 Tonnen entfischt werden. Besonders in Asien, Afrika und Lateinamerika haben ca. 2,4 Milliarden Menschen – mehr als ein Drittel der Weltbevölkerung – kein sauberes Trinkwasser, wodurch ganz erheblich die Lebensqualität verringert wird. Im Millenniumsbericht der Vereinten Nationen wird dieser ungeheuerliche Zustand als zentrales Problem des 21. Jahrhunderts beurteilt.

Als ganz dramatisch für die Zukunft der Menschheit zu bewerten ist die Tatsache, dass schon im Jahre 1986 festgestellt wurde, dass bereits etwa die Hälfte der weltweiten Photosynthesekapazität der Erde von uns Menschen genutzt wird (durch Getreidefelder, Plantagen, Wiesen, Golfplätze) oder umgeleitet bzw. verschwendet wird, beispielsweise durch Bodenversiegelung für Straßen, Flugplätze, Häuser, Parkplätze, Industrieanlagen. »Angesichts der Bevölkerungszunahme und insbesondere ihrer ökologischen Auswirkungen [...] werden wir den Vorausberechnungen zufolge bis zur Mitte dieses Jahrhunderts auf den Landflächen der Erde den allergrößten Teil der Photosynthesekapazität nutzen. Oder anders ausgedrückt: Der größte Teil der fixierten Sonnenenergie wird den Zwecken der Menschen dienen, und nur ein kleiner Teil bleibt noch übrig und kann das Wachstum natürlicher Wälder und anderer natürlicher Pflanzengemeinschaften in Gang halten«, resümiert der amerikanische Geografieprofessor und Anthropologe Jared Diamond diese erschreckende Tatsache (2006, S. 605 – 606).

Die globalen Veränderungen und Rückschritte zu Beginn des 21. Jahrhunderts sind mit ihren Folgen für das Leben der Menschen ohne Zweifel noch unbarmherziger als die in den letzten Dekaden des 20. Jahrhunderts. Sie haben sehr viel mit den deutlich überschrittenen materiellen, ökologischen und demografischen Grenzen des Wachstums zu tun. Jährlich kommen rund 78 Millionen, also täglich rund 213.699 neue Erdenbürger zusätzlich auf die Welt (Stand: März 2007).[1] Das Wachstum der Weltbevölkerung findet dabei zu 98 Prozent in den Ländern auf den drei Kontinenten des Südens statt (Pressemittelung der Deutschen Stiftung Weltbevölkerung – DSW in Hannover vom 22.12.2006). Dort wird die Bevölkerung bis zum Jahr 2050 von 5,4 im Jahre 2007 auf dann 7,9 Milliarden Menschen anwachsen. In den Ländern des Nordens dagegen bleibt die Bevölkerungszahl bei etwa 1,2 Milliarden nahezu konstant.

Wie können bei derartigem Bevölkerungswachstum die tief greifenden Krisen gemeistert werden, wo schon heute die von Menschen erzeugten Infrastrukturen, die Kapazitäten der Arbeitsmärkte und die ökologischen Grundlagen total überlastet sind? Bei vorsichtiger Einschätzung der Gegebenheiten kann darauf keine befriedigende Antwort gegeben werden. Gegen Ende des 21. Jahrhunderts wird mit mindestens 10 bis 11 Milliarden Menschen der Höchststand der Weltbevölkerung erwartet. Erst im 22. Jahrhundert wird sie aufgrund von Überalterung in vielen Regionen schrumpfen, wenn die Hochrechnungen und

---

[1] Siehe auch im Internet: www.weltbevoelkerungsuhr.de

Einschätzungen von renommierten Bevölkerungswissenschaftlern zutreffen sollten (vgl. Münz 2005, S. 112).

Aufgrund des materiell aufwendigen, denaturierten und dadurch nicht nachhaltigen Lebensstils der Menschen in den Industriegesellschaften des Nordens sowie der Übervölkerung in den meisten Schwellenländern und Ländern des Südens, die zudem dabei sind, die industrielle Entwicklung nachzuholen, überfordern wir akut die Kapazität der Biosphäre und muten ihr Tag für Tag immer mehr zu. Damit wird schon in naher Zukunft infrage gestellt, sowohl menschliches Leben als auch die Vielfalt in der Flora und Fauna zu würdigen Bedingungen aufrecht zu halten und für die heranwachsenden und nachkommenden Generationen zu garantieren. Für viele der ärmeren Länder auf den drei Kontinenten des Südens trifft diese sehr ernste These bereits heute zu, und zwar in den Ländern, in denen Unterernährung, schlechte Indizes der menschlichen Entwicklung sowie Kriege und Konflikte aufgrund des Mangels an Nahrungsmitteln, Wasser und Ressourcen schon zum Alltag der Menschen gehören.

Weitere eindeutige Indizien für den besorgniserregenden Zustand der Biosphäre ist das durch die moderne Zivilisation verursachte außerordentlich hohe Aussterben vieler Arten in Flora und Fauna sowie die damit verbundene Reduzierung der Biodiversität. Der renommierte Evolutionsbiologe Edward O. Wilson schrieb darüber vor einigen Jahren: »Die Pflanzen- und Tierarten verschwinden um mehr als das Hundertfache schneller als vor der Entstehung des Menschen. Die Hälfte aller Arten wird möglicherweise bereits bis zum Ende dieses Jahrhunderts ausgerottet sein« (2002, S. 22).

Allerdings ist die globale Erderwärmung durch den von uns Menschen verursachten zusätzlichen Treibhauseffekt aufgrund von viel zu großen Emissionen an CO_2, Methan, Fluorchlorkohlenwasserstoffe (FCKW), Distickstoffmonoxid und weiteren Treibhausgasen der wohl mit Abstand größte Schaden für die Biosphäre der Erde. Er zählt, bedingt durch seine oftmals verheerenden Folgen für die menschliche Zivilisation und für die Flora und Fauna, die sich durch die Häufung von extremen Wetterereignissen wie Dürren, schweren Niederschlägen, Hitzewellen, Stürmen und Wirbelstürmen ergeben, zu den größten Gefahren für das Überleben der Menschheit (vgl. auch Latif 2005). Diese drastische Feststellung wurde durch den Weltklimabericht des Intergovernmental Panel on Climate Change[1] (IPCC) mit Sitz in Genf erhärtet, der am 02.02.2007 in Paris der Weltöffentlichkeit vorgestellt wurde. Die Gewissheit der Wissenschaftler des IPCC, dass der weltweite Temperaturanstieg durch den Menschen verursacht wird, ist von 66 Prozent auf über 90 Prozent gestiegen. Der Bericht der IPCC-Wissenschaftler beweist, dass sich die globale Temperatur zwischen dem Jahre 1850 – dem Beginn der Temperaturaufzeichnungen – und dem Jahre 2005 um 0,76 Grad Celsius erhöht hat. Die Prognosen des IPCC rechnen mit einem Temperaturanstieg von bis zu 6,4 Grad Celsius bis zum Ende des 21. Jahrhunderts. Bei einer globalen Erwärmung um mehr als 2 Grad Celsius gegenüber den vorindustriellen Werten sind die Folgen des Klimawandels *in nicht mehr akzeptablen Grenzen zu halten*. Der auf rund 400 Computersimulationen basierende und von rund 2.500 Klimawissenschaftlern erstellte Weltklimabericht präsentiert sechs Temperaturszenarien. Danach wäre im besten Fall bis zum Jahre 2100 mit einer globalen Erwärmung von 1,1 bis 2,9 Grad Celsius und im schlimmsten Fall mit 2,4 bis 6,4 Grad Celsius zu rechnen. Der Anstieg des Meeresspiegels bis zum Jahre 2100 wird im besten Fall mit 18 bis 38 Zentimeter und im schlimmsten Fall mit 26 bis 59 Zentimeter vorausgesagt. Aus dem Klimabericht des IPCC geht deutlich hervor, dass das Verständnis vom Einfluss des Menschen auf das Klima besser als je zuvor sei.

---

[1] Zwischenstaatliches Sachverständigengremium zur Klimaveränderung (UN-Klimarat, wird auch als Weltklimarat bezeichnet).

Der ehemalige US-Vizepräsident Al Gore macht es sich nach der verlorenen Präsidentschaftswahl im Jahre 2000 zur Aufgabe, die Welt über die globale Erderwärmung bzw. den globalen Klimawandel aufzuklären. Als angesehener Experte auf diesem Gebiet hielt er in den USA und in vielen anderen Ländern über 1.000 Mal den gleichen Vortrag zur globalen Erderwärmung. Al Gore zeigt in seinem Vortrag eindringlich und faktenreich auf, dass die globale Erderwärmung ohne jeden Zweifel auf uns Menschen zurückzuführen ist. Dieser Vortrag wurde auch als hochinformativer Film mit dem Titel »Eine unbequeme Wahrheit« in den Kinos weltweit gezeigt und ist zudem als gleichnamiges Buch erschienen (Gore 2006). Übrigens gewann Al Gore im Jahre 2007 für seinen Film zwei Oscars, einen für den besten Dokumentarfilm und einen für den besten Filmsong.

Es ist kein Zufall, sondern ein gewolltes Signal des Nobelpreiskomitees, dass im Jahre 2007 Al Gore und der UN-Klimarat den Friedensnobelpreis verliehen bekam. Dadurch wird die Aufklärung und wissenschaftliche Arbeit über den durch uns Menschen verursachten Klimawandel so stark gewürdigt, dass der Handlungsdruck auf Politik, Gesellschaft und den Einzelnen zunimmt. Mit dieser Entscheidung wurde die enorme Wichtigkeit des Klimaschutzes für den Weltfrieden unterstrichen. Dieser wird in naher Zukunft mehr denn je davon abhängen, inwieweit Länder von der globalen Erderwärmung betroffen sein werden. Wassermangel und Nahrungsmittelverknappung aufgrund von Klimaveränderungen gehören schon heute zu den größten Bedrohungen für den Frieden. Besonders die armen Länder in Afrika, Asien und Lateinamerika sind seit vielen Jahren davon betroffen und verzeichnen auch deshalb große Flüchtlingsströme, weil Menschen aus armen Ländern, die von Dürren, Wüstenausweitungen, Versteppungen und extremen Wetterereignissen heimgesucht werden, oftmals in Nachbarländer flüchten müssen, um ihr nacktes Überleben zu sichern. Dadurch werden insbesondere die armen Länder, die Flüchtlinge aufnehmen, sozial und ökonomisch destabilisiert, was nachweislich zu vielen Konflikten führt. Selbst wir, die wir in den reicheren Ländern des Nordens leben, tun uns sehr schwer mit den relativ wenigen Flüchtlingen, die oftmals aus Umweltgründen bei uns Asyl suchen. Auch bei uns gibt es dadurch soziale Spannungen. Deshalb schotten wir uns vor Flüchtlingsströmen ab, verschärfen die Asylgesetzgebungen und Zuwanderungsregelungen. Die seit den 1980er-Jahren immer wieder verschärften Asylgesetzgebungen und Zuwanderungsregelungen sind nicht nur aus humanitären Gründen falsch. Wenn wir insbesondere den Menschen, die wegen des Klimawandels aus ihren Ländern flüchten und die zu uns kommen wollen, bei uns den »Eintritt« versperren, dann handeln wir auf doppelte Weise unverantwortlich: erstens, weil wir viel zu wenig unternehmen, um die Ursachen des Klimawandels zu stoppen bzw. sie nicht massiv genug eingrenzen, und zweitens, weil wir den vom Klimawandel betroffenen Menschen nicht ausreichend vor Ort helfen und den Menschen, die bei uns Asyl suchen, dieses überwiegend verweigern. Das ist menschenverachtend.

Trotz der engagierten Initiative von Al Gore ignoriert besonders die US-Administration die drohende Klimakatastrophe und unternimmt nichts Konkretes, um zur spürbaren Reduktion beispielsweise der Treibhausgase CO_2 und Methan beizutragen. An dieser Tatsache ändert sich auch nichts, wenn die US-Administration nach und nach eingesteht, dass die globale Erderwärmung ein Problem ist, denn sie ist nicht einmal bereit, das Kyoto-Protokoll zu unterschreiben. Auch zeigt sie sich völlig innovationsscheu bezüglich der massiven Förderung regenerativer Energiequellen und unternimmt viel zu wenig, um die riesigen Einsparpotenziale des Energieverbrauchs beim Flottenverbrauch, in den öffentlichen und privaten Gebäuden sowie in der Industrie politisch und wissenschaftlich-technisch zu fördern. Stattdessen wird seit vielen Jahren in den USA und Australien die globale Erderwärmung durch die Regierungen verharmlost. Kritische

Wissenschaftler werden bedrängt, ihre Fakten zur globalen Erderwärmung zu beschönigen oder zurückzuhalten. Die globale Erwärmung wird trotz aller Nachweise und immer wärmeren Jahrestemperaturen noch immer von vielen Politikern in den USA, aber auch in Europa für nicht erwiesen oder für nicht durch Menschen verursacht angesehen. Dementsprechend werden viele Initiativen blockiert oder völlig unzureichend gefördert, die dazu beitragen, dass weniger klimarelevante Emissionen (CO_2, Methan u. a.) durch Energiesparmaßnahmen und alternative Energieerzeugung entstehen (vgl. auch Frankfurter Allgemeine Zeitung. 2006. »Die Hitze führt Regie«, 05.08.2006, S. 35).

Auch soll die US-Administration Berichte über den Klimawandel manipuliert haben. Amerikanische Wissenschaftler seien bedrängt worden, aus ihren Berichten Begriffe wie »Klimawandel« oder »Erderwärmung« zu entfernen. Wissenschaftler der Organisationen »Union of Concerned Scientists« und »Government Accountability Project« legten einem Kongressausschuss am 30.01.2007 einen entsprechenden Bericht vor (siehe auch im Internet: Spiegel Online »Vorwürfe von Wissenschaftlern« vom 30.01.2007).

»Graeme Pearman gilt als Australiens Klimapapst und war Chef-Klimatologe der CSIRO, der staatlichen australischen Forschungsgesellschaft. Seit dem Jahre 1971 hat er sich in mehr als 150 wissenschaftlichen Studien mit den Auswirkungen von Treibhausgasen auf das Weltklima beschäftigt. Ende 2004 alarmierte er die Regierung in Canberra mit der Forderung, dass sie handeln müsse, bevor es zu spät sei. Er machte drei Vorschläge. Erstens: Australien müsse den Ausstoß von Treibhausgasen bis ins Jahr 2050 drastisch um 60 Prozent reduzieren. Zweitens: Australien müsse endlich das Kyoto-Klimaschutzabkommen unterzeichnen.[1] Drittens: Australien müsse Emissionshandel betreiben. Einen Monat später war er entlassen. Dazu Graeme Pearman: ›Die Begründung war: Ich hätte nicht sagen dürfen, was in der Umweltpolitik der Regierung widerspricht. Nach zehn Jahren als Chef der atmosphärischen Klimaforschung wurde ich einfach vor die Tür gesetzt. Obwohl ich mich jedes Mal, wenn ich in der Öffentlichkeit auftrat, nur auf Fakten beschränkte. Wenn ich um eine persönliche Einschätzung gebeten wurde, dann sprach ich immer im Allgemeinen, ohne eine bestimmte Regierung zu kritisieren‹. Durch Graeme Pearmans Rauswurf werden viele Mitarbeiter der australischen Forschungsgesellschaft, insbesondere die Klimatologen, mit Maulkörben versehen, eingeschüchtert und sogar gekündigt« (Quelle: Internet, WDR 5 Leonardo, Schwerpunkt: Baggern wie blöde. Die Kohle-Lobby und Australiens Klima-Politik in www.wdr5.de/sendungen/leonardo/891297.phtml vom 30.04.2007).

Aber auch die vielen anderen Länder der Welt sind mit ihrem Engagement, gegen die Erderwärmung vorzugehen, nicht viel besser als Australien und die USA, was einmal mehr die 12. Klimakonferenz in Nairobi vom November 2006 bewies. Auf Drängen großer Schwellenländer wie Indien und China konnten sich die Teilnehmerländer dieser Konferenz nicht einmal auf strengere Regeln für den Klimaschutz einigen. Sie konnten sich dort nicht darauf verständigen, wie die Welt nach dem Jahr 2012 das Klima schützen will, wenn dann das ohnehin sehr schwache Kyoto-Abkommen zum Klimaschutz ausläuft, das so wichtige Länder wie die USA, Indien und China gar nicht unterschrieben haben. Allerdings reagierte die Europäische Union angesichts

---

[1] Der neue australische Premierminister Kevin Rudd hat unmittelbar nach seiner Vereidigung im Dezember 2007 das Kyoto-Klimaschutzprotokoll unterzeichnet. »Es ist die erste Amtshandlung und unterstreicht die Entschlossenheit meiner Regierung, den Klimawandel anzupacken«, sagte Rudd, dessen Laborpartei am 24. November die Wahlen gewonnen hatte. Sein konservativer Amtsvorgänger John Howard hatte das Protokoll abgelehnt. Nun sind die USA das einzige Industrieland der Welt, das das Kyoto-Protokoll zur Reduzierung der klimaschädlichen Treibhausgase ablehnt.

der alarmierenden Fakten des Klimaberichts des IPCC, die zudem im Jahre 2007 lange Zeit in den Massenmedien zum Thema Nummer 1 gemacht wurden. Auch dadurch ist die Bevölkerung in der Europäischen Union über die Gefahren des globalen Klimawandels gut informiert. Einer Umfrage zufolge machen sich 9 von 10 Europäern Sorgen über den globalen Klimawandel. 50 Prozent der 25.800 befragten Personen erklärten in einer Erhebung im Auftrag der EU-Kommission sogar, sie seien sehr besorgt, und 62 Prozent von ihnen befürworten eine einheitliche Strategie der Europäischen Union zur Bekämpfung der globalen Erderwärmung. Nur 32 Prozent halten nationale Maßnahmen für die bessere Alternative. Auch der Ausbau der regenerativen Energien stößt auf breite Unterstützung (vgl. auch die tageszeitung, 06.03.2007, S. 8).

Vor diesem Hintergrund will die Europäische Union bis zum Jahre 2020 ohne Vorbedingungen die Treibhausgas-Emissionen um mindestens 20 Prozent auf Basis der Emissionen des Jahres 1990 reduzieren. Sollte ein internationales Abkommen dazu führen, dass Länder außerhalb der Europäischen Union ernsthafte Schritte zur Reduktion der Treibhausgas-Emissionen einleiten, dann will sie sogar 30 Prozent erreichen. Zugleich soll der Anteil der regenerativen Energien in der Europäischen Union bis zum Jahre 2020 auf 20 Prozent erhöht werden. Darauf einigten sich die 27 Staats- und Regierungschefs der Europäischen Union am 09.03.2007 verbindlich. Um diese Ziele zu erreichen, soll ein mehrstufiges System vereinbart werden, das sowohl den Ländern des Nordens Emissionsreduktionen abverlangt, als auch sogenannten Schwellenländern wie China und Indien die Möglichkeit gibt, einen angemessenen Beitrag zur Klimavorsorge zu leisten, sowie wenig industrialisierte Länder unterstützt, mit den Folgen des Klimawandels fertig zu werden. Es bleibt zu hoffen, dass diese Mindestziele zur Reduzierung der Treibhausgasemissionen schnellstens realisiert werden, um die globale Erderwärmung auf maximal 2 Grad Celsius bis zum Ende des 21. Jahrhunderts zu begrenzen. Allerdings reichen sie noch lange nicht aus, um die globale Erderwärmung wirklich zu stoppen, weisen aber ohne Zweifel in die richtige Richtung.[1] Warum hilft eine Begrenzung auf maximal 2 Grad Celsius, werden Sie sich fragen. Weil diese Beschränkung aufgrund wissenschaftlicher Forschungen ausreichen könnte, einen überaus gefährlichen Klimawandel zu vermeiden. Bei maximal 2 Grad Celsius Erderwärmung könnte beispielsweise verhindert werden, dass die tropischen Regenwälder austrocknen oder der Monsun sich verändert. Die Zunahme von Dürren und Überschwemmungen könnte nach Einschätzungen von Wissenschaftlern des Potsdam-Instituts für Klimafolgenforschung einigermaßen in den bisherigen Proportionen gehalten werden. Ganz besonders könnte eine Störung der biologischen Pumpe des Ozeans verhindert werden, zumal sie immerhin ein Drittel der von Menschen verursachten Treibhausgas-Emissionen bindet (vgl. auch bild der wissenschaft, 04/2007, S. 63).

So, wie es aussieht, avanciert die Bekämpfung der globalen Erderwärmung in Politik, Wissenschaft und Technik und auch im Bewusstsein der Menschen zum wichtigsten Thema in den nächsten Jahren. Der Fortschritt der Menschheit wird mehr denn je von den Fortschritten zur Bekämpfung der globalen Erderwärmung abhängen. Sehr viel wird davon abhängen, ob ein völkerrechtlich verbindliches Abkommen ab dem Jahre 2012 zustande kommt, welches das Kyoto-Protokoll ablösen muss. Es muss sehr hohe Reduktionsziele enthalten, wenn die drohende Klimakatastrophe noch verhindert werden soll bzw. wenn die Folgen der globalen Erderwärmung in erträglichen Grenzen gehalten werden sollen. Die Ergebnisse der UN-Klimakonferenzen

---

[1] Wie gering die CO_2-Reduktionsziele in Wirklichkeit sind, ermittelte das IPCC schon zu Beginn des Jahrhunderts. Es ging schon im Jahre 2001 davon aus, dass bis zum Jahre 2050 etwa 60 Prozent der Treibhausgasemissionen auf den Stand des Jahres 1990 reduziert werden müssen (die des Nordens sogar um mehr als 80 Prozent!), wenn das Klimasystem der Erde stabilisiert werden soll.

in den nächsten Jahren, die auf der indonesischen Insel Bali im Dezember 2007 begannen, werden zeigen, ob dieses enorm wichtige Ziel erreicht werden wird.

Sind dagegen politische und gesellschaftliche Fortschritte und Verbesserungen der Lebensqualität für Menschen und zum Schutz der Umwelt in diversen Regionen erzielt worden, so werden sie rasch wieder durch die Strukturen des Kapitalismus des 21. Jahrhunderts und vielfältige Krisen und Katastrophen andernorts weitgehend aufgehoben.

Heute muss rekapituliert werden, dass eine zunehmende Anzahl von Menschen Tag für Tag unter den vorherrschenden Strukturen ganz beträchtlich an Lebensqualität und Lebenschancen verliert und zudem die Zukunftsfähigkeit der Menschheit großen Schaden nimmt.

Auch die unbestrittenen wissenschaftlichen und technischen Fortschritte tragen nicht dazu bei, an den *zukunftsunfähigen* Fundamenten unserer auf quantitativem Wachstum, Massenkonsum und demzufolge zu hohem Naturverbrauch pro Kopf basierenden Industriegesellschaft etwas *so* zu ändern, dass eine zukunftsfähige Weltgesellschaft auch nur annähernd realisiert werden könnte.

Der Naturverbrauch pro Kopf wird als »ökologischer Fußabdruck« bezeichnet (engl. Ecological Footprint, EF). Dadurch wird der Verbrauch von natürlichen erneuerbaren Ressourcen einer Bevölkerung, eines Landes, einer Region oder der Welt gemessen. Der EF einer Bevölkerung umfasst das gesamte biologisch produktive Land oder die Meeresfläche, die benötigt werden, um alle Nahrungsmittelpflanzen, Fleisch, Fische, Holz und Textilien herzustellen sowie die Energieversorgung zu gewährleisten, die Infrastruktur zu errichten und aufrecht zu halten. Der EF eines durchschnittlichen Afrikaners oder Asiaten betrug im Jahre 1999 weniger als 1,4 ha, der eines Westeuropäers 5,0 ha und der eines durchschnittlichen Nordamerikaners 9,6 ha. Er darf aber höchstens 1,9 ha pro Kopf betragen (Stand:

2002 bei 6,2 Mrd. Menschen). Allein aufgrund der Tatsache, dass das Wachstum der Weltbevölkerung noch anhält, sinkt dieser Wert so lange, bis kein Bevölkerungswachstum mehr vorhanden ist, sich also die Weltbevölkerung in einem globalen Gleichgewicht befinden wird. Weil aber die Länder des Südens durch ihre fortschreitende Industrialisierung in der näheren Zukunft ganz sicher einen höheren EF erreichen werden und auch in den alten Industriegesellschaften teilweise noch Bevölkerungswachstum vorherrscht und ihr EF zudem schon gegenwärtig viel zu groß ist, wird der zur Verfügung stehende EF pro Kopf der Weltbevölkerung zusätzlich noch weiter sinken.[1] Er wird in wenigen Jahrzehnten mit großer Wahrscheinlichkeit auf nur noch ungefähr 1,0 ha pro Kopf fallen. Schon heute müsste ein Durchschnittseuropäer seinen materiellen Lebensstandard um über 60 Prozent senken, wollte er seinen EF auf das Maximum der ihm zustehenden Ressourcen begrenzen. Ein durchschnittlicher Nordamerikaner müsste ihn sogar um über 80 Prozent senken.

Aufgrund dieser alarmierenden Fakten werden wissenschaftlich-technische Fortschritte, um Ressourcen und Energie einzusparen und um die Biosphäre zu schonen, durch immer neuere Spielarten unserer konsumorientierten Gesellschaft des Nordens und weltweit durch die fortwährende Verbreitung des westlichen Lebensstils aufgrund der wirtschaftlichen Globalisierung erheblich eingeschränkt.

Die These ist schwer zu widerlegen, dass nicht allein die Biosphäre und die Tier- und Pflanzenwelt unter den Auswirkungen der alten Industriegesellschaften großen Schaden genommen haben, sondern ganz besonders der menschliche Fortschritt. Er ist in den letzten Dekaden nicht nur zum Stillstand gekommen, sondern vielfach von eklatanten Rückschritten geprägt – von ganz wenigen regionalen Ausnahmen einmal abgesehen.

---

[1] Weitere Informationen im Internet: www.footprintnetwork.org/

Neoliberalismus und Globalisierung

Die sich wirtschaftlich mit großer Dynamik globalisierende Welt wird sehr stark durch die Einflüsse des Neoliberalismus geprägt, der in den Industriegesellschaften zunächst in den USA unter Ronald Reagan (Reaganomics) und in Großbritannien unter Margaret Thatcher (Thatcherismus) vehement durchgesetzt wurde, um das wirtschaftliche Wachstum anzukurbeln. Seit einigen Jahren wird er in allen Industriegesellschaften, in fast allen Schwellenländern und auch zunehmend in den armen Ländern des Südens politisch gefördert, ungeachtet der großen Nachteile für die Bevölkerungen durch den Rückzug des Staates als Lenker und Überwacher des allgemeinen Wirtschaftsgeschehens und eines als entfesselt zu bezeichnenden Kapitalismus. (Durch die neoliberale Politik wurden dem Kapitalismus sinnbildlich die Fesseln abgenommen.) Nun bekommen die Menschen zwar weiterhin die Vorteile (wie etwa immer größere Waren- und Dienstleistungsvielfalt), aber auch die Nachteile (im Wesentlichen Standortverlagerungen von Produktionen und Dienstleistungen in Schwellenländer und Länder des Südens; Rückgang staatlicher Leistungen; Verschlechterungen in den sozialen Sicherungssystemen) deutlich zu spüren. Viele weitere Entwicklungen haben die einstigen Arbeits- und Produktionsverhältnisse in den alten Industriegesellschaften binnen weniger Jahrzehnte drastisch gewandelt. Dazu zählen in erster Linie die Aufstiege Chinas und Indiens zu relevanten Industrie- und Dienstleistungsgesellschaften, die im Welthandel immer mehr zu ernsthaften Konkurrenten für die USA, Japan und die Europäische Union geworden sind (vgl. auch Hirn 2005 und Ihlau 2006). Des Weiteren sind die Erweiterungen der Europäischen Union um neue Mitgliedsländer, die qualitativen und quantitativen Verbesserungen der Informations- und Kommunikationstechnologien sowie der Siegeszug des Internets als universelles Informations- und Kommunikationsmedium für den rasanten Wandel der

Weltwirtschaft in den letzten Jahrzehnten anzuführen. Auch der Preisverfall der allgemeinen Transportkosten, trotz steigender Energie- und Rohölpreise (bedingt durch zahlreiche Subventionsmodelle, um Flüge und Gütertransporte drastisch zu verbilligen) und der seit den frühen 1980er-Jahren bis zum Beginn des 21. Jahrhunderts ebenfalls anhaltende Preisverfall bei vielen Rohstoffen haben die wirtschaftliche Globalisierung zudem beschleunigt. Nur für einige Rohstoffe wurde der Preisverfall in den letzten Jahren gebremst, weil u. a. China und Indien immer mehr davon aus dem Weltmarkt für ihre Industrialisierung beziehen.

Es überrascht nicht, dass die Unternehmen in den alten Industriegesellschaften immer weniger für ihre Binnenmärkte, sondern zunehmend für den Weltmarkt produzieren. Sie sind auch nicht mehr unangefochten auf dem Weltmarkt führend, sondern eingebettet in globale Produktions-, Dienstleistungs- und Arbeitsstrukturen.

Von den Schwellenländern und ärmeren Ländern des Südens und Ostens werden zahlreiche Produkte und Dienstleistungen für die Konsumenten, insbesondere aus den Industriegesellschaften des Nordens, qualitativ meistens gleichwertig und fast immer kostengünstiger abgedeckt. Dadurch ist Deutschland und sind praktisch alle Länder der Europäischen Union gezwungen, mit zahlreichen Produktionen und Dienstleistungen im globalen Wettbewerb zu bestehen. Letztendlich entscheidet der deutsche Kunde beim Kauf von Produkten und der Inanspruchnahme diverser Dienstleistungen darüber, ob sie noch in deutschen Produktionsstätten hergestellt bzw. in deutschen Büros die dafür notwendigen Dienstleistungen erstellt werden. Wenn wir die Entwicklungen der Produktionsstandorte für Computer, Elektrogeräte, Textilien, Schuhe, Spielzeug, Autos, Möbel, Haushaltswaren u. v. a. heranziehen, so stellen wir fest, dass sie immer mehr in den Schwellenländern und armen Ländern des Südens produziert bzw. sie zu großen Teilen im Auftrag von Firmen aus den Ländern des Nordens dort gefertigt oder zusammengesetzt werden. »Made in China oder Made aus einem Land des Südens oder Ostens« für Güter aller Art oder »Developed in India, Russia, Romania oder Latvia« für Software und Dienstleistungsprodukte werden in Zukunft immer mehr in den Handel kommen. Natürlich lassen reiche Länder schon seit vielen Jahrzehnten ungezählte Produkte in den sogenannten Billiglohnländern fertigen, aber seit den 1990er-Jahren hat sich diese Entwicklung dramatisch zugespitzt. Dabei müssen wir feststellen, dass viele Konsumenten in den Ländern des Nordens sich beim Erwerb vieler Produkte *für* die wirtschaftliche Globalisierung bzw. *gegen* die einheimischen Industrien entscheiden, solange sie noch die Wahl zwischen einheimisch oder im Ausland hergestellten Produkten und Dienstleistungen haben. Aber diese mögliche Wahl schwindet mit fortschreitender Industrialisierung des Südens und ist heute schon sehr schwierig geworden sowie bei vielen Produkten praktisch nicht mehr umsetzbar.

Ähnliches trifft mittlerweile genauso für die Schwellenländer und Länder der sog. Dritten Welt zu! Auch dort werden Produkte aus noch kostengünstigeren Herstellungen bevorzugt und somit einheimische Arbeitsplätze vernichtet. So sind etwa die marokkanische und indische Textilindustrien immer mehr durch Einfuhren noch billigerer Textilien aus China gefährdet und verzeichnen seit einigen Jahren erhebliche Arbeitsplatzverluste. Nicht nur der Norden konkurriert mit dem Süden um die Absatzmärkte dieser Welt. Innerhalb des Südens breitet sich die Konkurrenz mit seiner zunehmenden Industrialisierung immer weiter aus.

Bedenklich an dieser Entwicklung ist, dass die Produkte aus den Schwellenländern und ganz besonders aus den armen Ländern des Südens, die im Norden auf dem Markt kommen, dort größtenteils unter ausbeuterischen Arbeitsbedingungen produziert werden. Kinderarbeit, extrem schlechte Bezahlung, lange Arbeitszeiten, mangelhafte Arbeitsplatzsicherheit mit Gesundheitsgefährdungen, oftmals verheerende Hygieneverhältnisse und mangelhafte oder sogar fehlende Sozialversicherungen sind einige von sehr vielen großen Übeln bzw. skandalösen Zuständen in den Wirtschaftsunternehmen der Länder des Südens (vgl. auch Werner und Weiss 2001). Schwerwiegend ist dabei die Tatsache, dass dort sehr viele Arbeitsplätze bzw. Produktionen so gut wie nichts zur Entwicklung dieser Länder beitragen, sondern sie im Prinzip weitgehend verhindern. Viele Länder Afrikas, Asiens und Lateinamerikas produzieren im Auftrag multinationaler Konzerne nicht für die Bedürfnisse und finanziellen Möglichkeiten der einheimischen Bevölkerungen, sondern überwiegend für die Konsumenten in den USA, in Japan und der Europäischen Union. Die Menschen in den armen Ländern des Südens können nur ganz wenige Prozente ihrer nach Vorgaben der multinational agierenden Unternehmen erzeugten Produkte auf ihren eigenen Märkten absetzen, weil ihnen dazu einerseits die Kaufkraft fehlt und andererseits die erzeugten Produkte überwiegend an ihren Bedürfnissen vorbeigehen. Nur die aufstrebenden Mittelschichten in den Schwellenländern des Südens, die aber durchschnittlich keine 10 Prozent der Bevölkerungen ausmachen, können diese Produkte erwerben. Diese Mittelschichten setzen sich dort überwiegend aus den Menschen zusammen, die dort die Industrialisierung maßgeblich gestalten und aufbauen, den Handel und das Finanzwesen betreiben und vielfach mit den Unternehmen aus den alten Industriegesellschaften zusammenarbeiten. Darüber hinaus gibt es immer mehr Millionäre und Milliardäre in den Ländern des Südens, denn wo sehr viele Menschen arm sind, da sind wenige reich, weil sie von der großen Masse armer Menschen profitieren.

Aber was nützen den Menschen in einem *armen Land* des Südens etwa Schuhe, die sie beispielsweise für Konsumenten in den Ländern des Nordens über multinationale Arbeitgeber herstellen, wenn sie diese nicht einmal selbst bezahlen können. Sollten sie dennoch bezahlbar sein, was angesichts der extrem niedrigen Löhne und Gehälter auszuschließen ist, dann würden sie sich grotesk im Verhältnis zu den anderen Kleidungsstücken dieser meist armen Menschen ausnehmen, die in Millionen von Fällen zwischen 60 bis über 90 Prozent ihres Einkommens allein für Nahrung ausgeben müssen. Ähnlich verhält es sich, wenn Menschen in den armen Ländern des Südens Autoteile produzieren oder irgendwelche Produkte herstellen, die sie nur in seltenen Fällen als Endprodukt besitzen werden oder gebrauchen können.

In diesem Kontext ist es wichtig, darauf hinzuweisen, dass die reichen Länder dem Süden immer mehr Wasser durch die beträchtlichen Importe an Früchten, Gemüse und anderen landwirtschaftlichen Produkten (in großen Mengen Baumwolle und Holz) entziehen.[1] Diese Produktionen in Zeiten knapper werdenden Wassers zu Dumpingpreisen aus Ländern, in denen Menschen wegen unzureichender Ernährung an Unterernährung leiden, verhungern und wegen Wassermangels oder miserabler Trinkwasserqualität erhebliche Gesundheitsschäden erleiden, ist ein kaum in Worte zu fassender Skandal. Zudem wird, neben dem Wasser, den Menschen dort ebenfalls zu Dumpingpreisen auch wertvolles Ackerland für die oben angeführten landwirtschaftlichen Produkte entzogen. Unweit vieler Anbaugebiete, in denen Lebensmittel für den Export angebaut werden, sterben Menschen an den Folgen von Unterernährung. Ganz sicher tragen die Menschen, die in den armen Ländern dieses zulassen und durch die Anbaugebiete Geld verdienen (überwiegend Großgrundbesitzer), die größte Schuld daran. Aber auch wir im Norden, die wir diese Produkte abnehmen, können uns dabei nicht völlig unschuldig fühlen.

Durch die zuletzt skizzierten Sachverhalte kann Entwicklung oder gar Fortschritt in Form der allgemeinen Verbesserungen

---

[1] Für diesen Hinweis danke ich Professor Hartmut Graßl, der in einem Vortrag der Vereinigung Deutscher Wissenschaftler (VDW) in Berlin im Februar 2006 darauf hingewiesen hat.

der Lebensqualität für viele Menschen im Süden nicht stattfinden. Weil immer mehr Menschen in unseren Konsumgesellschaften, in denen Shopping ein nicht unwesentlicher Bestandteil der Freizeitgestaltung geworden ist, möglichst viele Produkte erwerben möchten, sie aber dafür nicht genügend Geld besitzen, werden zunehmend die preiswerteren Produkte bevorzugt, die aber in immer weniger Fällen in den alten Industriegesellschaften bzw. in inländischen Produktionsstätten hergestellt werden. Der Aufstieg von Discountern und sogenannten Ein-Euro-Shops im Einzelhandel in den letzten Jahren ist dafür ein eindeutiger Beweis. Auf gewisse Weise tragen unsere Kaufentscheidungen auch dazu bei, dass die alten Industriegesellschaften ökonomisch destabilisiert werden mit der Folge hoher Dauermassenarbeitslosigkeit und ihren teilweise gravierenden Begleiterscheinungen, wie etwa dem qualitativen Verfall der sozialen Sicherungssysteme. Befinden sich die alten Industriegesellschaften damit in einem Circulus vitiosus? Nein, weil viele Unternehmen in den alten Industriegesellschaften und damit eine nicht unerhebliche Anzahl von Arbeitsplätzen nur deshalb existieren, weil es einen globalen Markt gibt und die wirtschaftliche Globalisierung der Märkte fortschreitet. Letztendlich existiert ein ungleicher Kampf zwischen Nord und Süd. In vielerlei Hinsicht werden viele Länder Afrikas, Asiens und Südamerikas durch die alten Industriegesellschaften übervorteilt. Das liegt unter anderen an den Subventionen des Nordens für zahlreiche Produktionen und an der Abschottung der Märkte für Produkte des Südens. Die Unternehmen aus den Ländern des Nordens nützen auch vielfach die miserablen politischen Strukturen und die extreme Korruption im Süden für sich schamlos aus, um etwa möglichst geringe Steuern dort zu bezahlen und die dort ohnehin schon schlechten Umweltschutzauflagen für sich auszunutzen. Zudem nutzen sie dort die Arbeitskräfte auf oftmals moralisch verwerfliche Weise durch Billigstlöhne und schlechte Arbeitsbedingungen für sich gnadenlos aus und halten die Weltmarktpreise für viele Rohstoffe aus dem Süden mit allen erdenklichen Tricks seit Jahrzehnten niedrig.

Für die Menschen in den alten Industriegesellschaften des Nordens resultieren die Nachteile aus der wirtschaftlichen Globalisierung letztlich aus zwei Hauptgründen: Erstens, weil durch sie immer mehr Arbeitsplätze in den Süden verlagert werden, zumal unter den Bedingungen des Kapitalismus des 21. Jahrhunderts sich dadurch die Gewinne der Unternehmen steigern lassen. Zweitens, weil durch die Industrialisierung in den Schwellenländern des Südens ernst zu nehmende Konkurrenz für Produkte und Dienstleistungen aller Art für die Länder des Nordens entstanden ist.

Es wäre jedoch ein grober Fehler, das Phänomen der Globalisierung ausschließlich ökonomisch zu bewerten und die entstehenden Nachteile, die sich seit Jahren für die Menschen des Nordens abzeichnen, darauf einseitig zu verengen. So denken aber die meisten Menschen, obwohl es vielfältige Ausprägungen des Globalisierungsprozesses gibt. Deshalb muss, wenn von Globalisierung gesprochen wird, immer das jeweilige Adjektiv (zum Beispiel wirtschaftliche, kulturelle, politische) angeführt werden. Schon im Jahre 1999 hat Anthony Giddens darauf hingewiesen, dass das Phänomen der Globalisierung einerseits nicht nur neu, sondern auch revolutionär ist, und es sich bei ihm nicht um *einen* Prozess, sondern um eine *komplexe Reihe* von Prozessen handelt (2001, S. 21 – 24). Die Globalisierung prägt Politik, Kultur und Technologie gleichermaßen. Der entscheidende Faktor für die Globalisierung sind zweifellos die Kommunikationssysteme, worauf auch Giddens hinweist. Sie können kostengünstig, extrem schnell und weltweit nicht nur Finanztransaktionen und Börsenspekulationen durchführen, Werbung für alle möglichen Produkte betreiben, Gespräche, Dokumentenaustausch, Schriftverkehr, Fernsehübertragungen und dergleichen ermöglichen, sondern auch für andere Kulturen werben.

Durch die Kommunikationssysteme beeinflusst sich die Welt wechselseitig wie noch nie zuvor. Durch sie haben Menschen Einblicke in die Lebensweisen anderer Länder und nehmen Informationen anderer Kulturen auf. Diese Möglichkeiten waren noch vor 50 Jahren nur schwer vorstellbar. Dadurch veränderte sich in den letzten Jahrzehnten auch das Denken und Handeln der Menschen, weil sie, egal in welcher Qualität, sich nur noch schwierig den Informationen aus anderen Ländern und Kulturkreisen entziehen können.

Die von mir zuletzt angeführten Fakten bezogen sich ganz bewusst auf die Probleme, die durch die wirtschaftliche Globalisierung entstanden sind und die sicher noch weiter fortschreiten werden. Sie sind aber nachgewiesenermaßen bewusst durch die neoliberale Politik gesteuert und damit politisch gewollt und zudem ganz erheblich kulturell beeinflusst. Wenn Menschen die oben angeführten Kaufentscheide mehrheitlich nicht mehr danach tätigen, ob das jeweilige Produkt noch in ihren Heimatländern produziert wird, so ist dies *auch* ein kultureller beeinflusster Aspekt unserer Welt, die scheinbar immer mehr ihre Unterschiede verwischt. Dem Konsumenten ist es letztendlich egal, wo das Produkt hergestellt wird. Darüber hinaus kann immer schlechter festgestellt werden, wo das Kleid, die Teile des Autos, diverse Elektrogeräte usw. hergestellt oder zusammengebaut werden. Produkte, wie beispielsweise ein Auto, werden mit Komponenten zusammengebaut, deren Zulieferer über die ganze Welt verteilt sein können. Dazu kommt die Werbung, die den Konsumenten die Produkte durch eine Vielzahl von Möglichkeiten, also Werbeflächen, Fernsehen, Internet, E-Mails, Handys, Zeitschriften u. a. unter Einbeziehung immer besserer psychologischer Methoden suggerieren. Die Werbung setzt in den letzten Jahren dabei ganz bewusst auf Weltoffenheit und Toleranz, um Produkte besser global zu vermarkten zu können. So soll der Konsument kein schlechtes Gewissen bekommen, wenn er Produkte erwirbt, die nicht in seinem Land hergestellt wurden. Weil aber fast alle größeren Unternehmen mittlerweile global vermarkten, verliert auch der jeweilige Produktionsstandort zunehmend an Bedeutung. Die Feststellung wird von Jahr zu Jahr immer aktueller, dass es auf einen globalen Markt immer weniger darauf ankommt, wo sich die Produktionsstandorte der Unternehmen befinden. Es kommt für die großen Konzerne, aber auch zunehmend für mittelständische Unternehmen, immer mehr darauf an, dass der Produktionsstandort so kostengünstig wie nur möglich sein soll. Das liegt daran, weil sie mit allen zur Verfügung stehenden Möglichkeiten versuchen, ihre Gewinne über ein vertretbares Maß hinaus zu steigern.

Kaufentscheide sind noch von weiteren kulturell determinierten Faktoren abhängig. So werden etwa Sportschuhe und Bekleidung durch Popstars, Spitzensportler, Schauspieler und andere Kult- und Leitfiguren aufwendig global vermarktet. Diese Produkte werden aber überwiegend besser verkauft als andere, oftmals gleichwertige Artikel, die aber nicht derartig vermarktet werden. Hier schafft es die Werbung, dass sich nicht immer die preiswertesten, sondern die eher teureren Produkte durchsetzen, weil die Identifikation der Menschen besonders über Kult- und Leitfiguren mit den Produkten wichtiger ist als der zu zahlende Preis. Hier spielen also Aspekte der kulturellen Globalisierung eine wichtige Rolle. Die globale Vermarktung über Kult- und Leitfiguren vermittelt den Menschen Werte und mögliches Lebensgefühl dieser Werbeträger. Diese Werte stehen oft in Verbindung mit der scheinbaren Freiheit und den grenzenlosen Möglichkeiten, die der westliche Lebensstil den Menschen eröffnet. Die immer raffinierteren Werbebotschaften sollen vermitteln, dass wir uns Glück und Zufriedenheit erkaufen können. Kinder, Jugendliche und junge Erwachsene sind die bevorzugten Kunden, die in ihren Umfeldern weniger Selbstwertgefühl und Gruppenzugehörigkeit vermittelt bekommen, wenn sie sich nicht mit diversen Markenartikeln bekleiden, nicht bestimmte Handys benutzen oder diverse Computerspiele spielen.

Etwa seit dem Beginn des 21. Jahrhunderts versuchen politische Parteien, die vielfältigen Nachteile des Neoliberalismus und wirtschaftlichen Globalisierungsprozesses für die Menschen möglichst gering zu halten. Der allgemeinen negativen Stimmung, die auch verbunden ist mit einer seit vielen Jahren in der Realität bestätigten Abkehr der Menschen von der Politik (Politikverdrossenheit, sinkende Wahlbeteiligungen), soll mit Slogans, die Aufbruchstimmung und Optimismus suggerieren, entgegengewirkt werden. Hauptsächlich soll Optimismus in der Bevölkerung dadurch erzeugt werden, indem Politiker bevorstehende oder vorhandene Wirtschaftsaufschwünge rhetorisch damit verknüpfen, dass dann vieles besser würde und die Politik in der bestehenden Amtsperiode die richtigen Entscheidungen getroffen habe. Diese Versuche müssen aber fortwährend scheitern, weil Politik seit langer Zeit über bloßes Krisenmanagement nicht hinauskommt. Politik hat vor diesem Hintergrund sehr viel an Kraft zur gesellschaftlichen Gestaltung eingebüßt, auch, weil die Gestaltungsspielräume der Staaten aufgrund der Dominanz und Machtfülle der Weltwirtschaft zurückgedrängt wurden und die gesellschaftliche Realität stärker denn je durch die Wirtschaft einerseits und dem Konsumismus andererseits geprägt wird.

Die neoliberale Politik hat mit dazu beigetragen, dass der wirtschaftliche Globalisierungsprozess nicht zu mehr Verteilungsgerechtigkeit der erwirtschafteten Güter und Dienstleistungen geführt hat, sondern das Gegenteil bewirkte, und zwar global. Von großer Bedeutung dabei ist das Faktum, dass die neoliberale Politik den Politikern in den Industriegesellschaften des Nordens durch ungezählte wirtschaftliche Unternehmen (kleinere Betriebe bis hin zu mächtigen Konzernen) spätestens seit den frühen 1990er-Jahren regelrecht aufgedrängt wurde. Unternehmen und mächtige Unternehmensverbände stellten und stellen noch immer den Politikern aus Westeuropa oder aus den USA etwa folgendes Ultimatum: Wenn die Region oder das

Land den Forderungen diverser Unternehmen nicht nachkommen und nicht geringere Unternehmenssteuern, Umweltstandards sowie geringere oder bestenfalls gar keine Mindestlöhne[1] sowie Sozialabgaben geschaffen werden, dann wechseln sie ihre Standorte in ein Land ihrer Wahl, das ihnen diese Voraussetzungen liefert. Dieses Land werden sie heute sicherlich finden! Hinzu kommt, dass durch die modernen Kommunikationsmittel selbst große Konzerne ihre Zentralen inklusive großer Rechenzentren binnen weniger Monate etwa von Europa nach Asien verlagern können. Seit den 1990er-Jahren werden auch immer mehr Teilbereiche von Unternehmen in Länder ausgelagert (Outsourcing), in denen die Arbeitskosten geringer sind als in den USA oder in Westeuropa. Erschwerend kommt hinzu, dass ein Land, das sich politisch diesen neoliberalen Spielregeln widersetzen würde, immer uninteressanter für Investoren aus anderen Ländern und für die globalen Finanzmärkte würde. Selbst die Währung eines Landes, das sich nicht an die neoliberalen Spielregeln halten würde, würde über kurz oder lang unter Druck geraten, weil dies sich auf den Finanzplätzen der Welt und im Management global agierender Konzerne schnell herumsprechen würde. Weil die Länder des Nordens einerseits und alle anderen wirtschaftlich aufstrebenden Länder der Welt andererseits im Prinzip in harter Konkurrenz um Arbeitsplätze und Wachstumsmärkte stehen, haben die Politiker der konkurrierenden Länder im Kontext ihrer neoliberalen Politik keine international verbindlichen Regeln geschaffen, die verhindern, dass dem sogenannten »freien Welthandel« und den globalen Finanzmärkten eindeutige Schranken gesetzt werden, die es unmöglich machen, Staaten mehr oder weniger zu erpressen, bzw. die es unmöglich machen, Standorte aufgrund der oben genannten Kriterien zu verlagern. *Das ist ein Kardinalfehler gewesen,*

---

[1] Dies ist auch ein Grund dafür, weshalb sich in Deutschland die strukturkonservativen Parteien CDU und CSU immer wieder gegen die Einführung von Mindestlöhnen aussprechen.

der sich in der näheren Zukunft nur schwer korrigieren lässt. Stattdessen hat die neoliberale Politik, insbesondere die der führenden Industriegesellschaften, dazu beigetragen, dass mehr oder weniger die Spielregeln befolgt werden, die multinationale Unternehmen den Staaten aufzwingen.

Nun werden Politiker die »Geister«, die sie in Form ihrer neoliberalen Politik riefen, nicht mehr los. Aus Angst, dass durch Standortverlagerungen von Unternehmen in Billiglohnländern und Ländern mit geringeren Steuerlasten und Umweltstandards noch mehr Arbeitsplätze verloren gehen, machen Politiker den Unternehmen immer mehr Zugeständnisse. Dadurch verlieren letztendlich die Staaten immer mehr an Handlungsspielräumen, weil die Steuereinnahmen sinken und die wirtschaftliche Globalisierung trotz aller politischen Zugeständnisse zur weiteren Verlagerung vieler Arbeitsplätze in Billiglohnländer führt, was zu höheren Arbeitslosenquoten und Verlusten beim Aufkommen der Einkommenssteuer führt. Parallel dazu sinken die Einnahmen für die sozialen Sicherungssysteme durch weniger Menschen, die in sozialversicherungspflichtigen Arbeitsverhältnissen stehen. Gleichzeitig steigen aber die Ausgaben für den Sozialstaat aufgrund höherer Arbeitslosenzahlen, der dadurch immer mehr an Qualität verliert.

Dieses Dilemma wird durch den rasanten technologischen Fortschritt und die permanenten Rationalisierungsmaßnahmen der Unternehmen noch verschlimmert: Wird durch den technischen Fortschritt einerseits und Rationalisierung andererseits ein neuer Arbeitsplatz geschaffen, entfallen durch sogenannte Synergieeffekte in den meisten Unternehmen nicht selten mehrere alte Arbeitsplätze.

Diese hier skizzierten Hintergründe und weitere Umstände tragen dazu bei, dass wir gemeinhin dazu neigen, die Vergangenheit am besten, die Gegenwart weniger gut und die Zukunft am schlechtesten zu bewerten.

Massenmedien

Nur selten gab es in der jüngeren Geschichte Momente, in denen die Eingangsfrage, ob die Welt heute besser ist, als sie es gestern war, psychologisch betrachtet und auch logisch mit einiger Berechtigung begründbar mehrheitlich mit einem Ja beantwortet werden konnte. So zum Beispiel am 08.05.1945, dem Ende des Zweiten Weltkriegs oder am Tag des Falls der deutsch-deutschen Mauer am 09.11.1989. Andererseits gibt es immer wieder Tage, an denen ein klares Nein psychologisch und logisch begründbar wäre, beispielsweise nach den Terroranschlägen in den USA am 11.09.2001 oder nach der Tsunami-Flutkatastrophe in Südasien am 26.12.2004, um nur zwei Beispiele aus der jüngeren Vergangenheit zu nennen.

Die allgemein negative Einschätzung der Entwicklungen wird aber auch durch die Massenmedien lanciert, weil wir binnen kürzester Zeit an allen möglichen Orten über die Ereignisse der Welt informiert werden können und uns gemeinhin auch informieren. Für die Medien sind schlechte Nachrichten im Kampf um die Zuschauer-, Zuhörer- und Lesergunst ein wichtiger Garant für ihren Erfolg. Nicht zuletzt deswegen ist ein alter und vielbenutzter Spruch von Journalisten »Bad news are good news«. Massenmedien sind die Hiobsbotschafter der Moderne geworden. Katastrophen und Kataströphchen unserer Risikogesellschaft (Beck 1986) werden aus den fernsten Winkeln der Welt binnen kurzer Zeit sehr häufig bis ins letzte Detail mediengerecht aufbereitet und den Menschen präsentiert, während gute Nachrichten fast immer nur marginal verkündet werden. Es wäre aber unrichtig, die Massenmedien allein für die allgemein schlechte Einschätzung der Weltlage verantwortlich zu machen, denn tatsächlich gibt es zahlreiche Krisen und Katastrophen und relativ wenige Hoffnung machende Entwicklungen. Im Wesentlichen tragen die globalen Entwicklungstrends dazu bei, dass Gegenwart und Zukunft eher skeptisch bis negativ beurteilt werden und vielen Menschen die Welt heute nicht besser erscheint, als sie es gestern war. Vielleicht werden aufgrund der zahlreichen negativen globalen Entwicklungstrends viele positive Entwicklungen sowie kleinere und größere Fortschritte, die es trotz aller Krisen und Katastrophen überall gibt, die aber meistens nicht spektakulär genug und daher nicht besonders medienwirksam sind, von der Massenkultur nicht aufmerksam genug wahrgenommen. Ist nicht deshalb die Frage berechtigt, ob die positiven Entwicklungen durch die Massenmedien auch deshalb unzureichend vermittelt werden, weil die Massenkultur an ihnen zu wenig interessiert ist?

Unsere Zivilisation neigt dazu, Negatives mit tausend zu multiplizieren, während sie Positives durch hundert dividieren. Die Massenmedien wissen dies und bedienen ihr Publikum dementsprechend, denn es kann kein Zweifel daran bestehen, dass unsere Zivilisation geradezu gierig auf Sensationsmeldungen, Enthüllungen, Unglücksfälle, Katastrophen, Grausamkeiten und Skandale ist. Je größer das Unglück, die Katastrophe und das Leid anderer Menschen sind, umso höher sind die Auflagen von Magazinen und Zeitungen und desto besser sind die Einschaltquoten der Sender. Diese Feststellung wird zudem durch Fernseh- und Kinofilme erhärtet. Umso grausamer und bestialischer der Film ist, desto mehr Menschen sehen ihn. Dies belegen auch die Bilder von NineEleven, speziell die von den zusammenstürzenden Twin Towers des World Trade Centers und seinen Trümmern in New York. Sie sind noch heute fast täglich auf irgendeinem Sender zu sehen oder werden zum wiederholten Male in Zeitschriften abgebildet.

Mit Bildern und Filmsequenzen von Terroranschlägen, Kriegsszenen und anderen erschreckenden Ereignissen wurde schon immer versucht, Stimmung zu machen und Menschen zu manipulieren. Besonders die Politik nutzt die Massenmedien, um ihre Ziele zu erreichen. Heute besteht die große Gefahr darin, dass die neue Digitaltechnik die Bilderschlacht völlig außer Kontrolle geraten lässt, so eine detaillierte Analyse der Wissenschaftsjournalistin Andrea Schuhmacher. Sie schreibt: »Die Digitaltechnik erleichtert nicht nur die Produktion, sondern auch die Verbreitung von Fotos und Filmen. Fotografen können ihre Schnappschüsse via Satellitenhandy direkt in die Heimatredaktion senden. TV-Teams berichten in Echtzeit aus den letzten Ecken der Welt, Privatleute verbreiten via Internet Dateien rund um den Globus. Gleichzeitig sinkt die Hemmschwelle der Bildproduzenten. ›Die Digicam verführt – so wie im Folterkeller von Abu Graib, wo Iraker gedemütigt wurden – zu schamlosen Aufnahmen, weil die Fotoentwicklung und dadurch auch die soziale Kontrolle entfällt. Schließlich muss man nicht mehr befürchten, dass eine fremde Person bei der Entwicklung im Labor die Bilder sieht‹, sagt Martin Schuster, Fotopsychologe und Professor für Erziehungswissenschaften an der Universität Köln« (Schuhmacher 2006, S. 85 – 86). »Darüber hinaus gilt es als erwiesen, dass die Spirale der Bildgewalt zu Angst, Abstumpfung und Gegengewalt führt« (ebd., S. 85).

Die zuletzt genannten Umstände sind wichtige Gründe dafür, dass viele um die Zukunft der Menschheit besorgte Menschen seit vielen Jahren immer wieder fordern, dass die Medien den positiven Entwicklungen und den Alternativen gegenüber den bestehenden gesellschaftlichen und ökonomischen Realitäten viel mehr Platz einräumen sollen. Dies nicht, um die negativen Schlagzeilen und Nachrichten unserer Zivilisation auf die eine oder andere Weise zurückzudrängen oder gar zu verharmlosen, was einer gefährlichen Zensur gleichkäme, sondern um die Menschen *umfassender* und dadurch *richtiger* zu informieren, auch wenn vielleicht nur eine Minderheit an den positiven Nachrichten interessiert wäre.

Menschen, die schon von Kindheit an auf die Massenmedien »ausgerichtet« werden und vielfach nicht die richtige Dosis kennen, werden in ihrer psychischen Entwicklung zum Teil erheblich beeinträchtigt. Sie können vielfach das Negative dieser Welt nicht adäquat verarbeiten und konstruieren ihre Realität zu sehr aus den Massenmedien. Dadurch leidet die Ausgewogenheit an Informations- und Wahrnehmungsvielfalt bei vielen Menschen. Betroffen sind besonders diejenigen, die die Wirklichkeit der Welt zu wenig aus ihren eigenen Erlebnissen, Erfahrungen, Gedanken sowie aus einer nur individuell determinierbaren Vielfalt von Wissenszugängen wahrnehmen, sondern sie mehr oder weniger einseitig aus den Massenmedien, überwiegend aus dem Fernsehen und zunehmend auch aus dem Internet, ableiten. Diese Menschen bemerken nach einiger Zeit nicht mehr, dass ihr Denken Strukturen angenommen hat, die quasi eine Quersumme aus den Einflüssen der Massenmedien bildet. Sie denken, handeln und bewerten vielfach nach Mustern, die ihnen die Massenmedien suggerieren. Dies ist die eindeutige Mehrheit! Sozialwissenschaftler beobachten mit zunehmender Tendenz, dass Menschen, überwiegend Kinder und Jugendliche, sich ihre Vorbilder aus den Massenmedien ableiten. Dabei sind prominente Schauspielerinnen und Schauspieler die wichtigsten Vorbilder. Durch die vielen Soap-Operas bauen nicht wenige Menschen parasoziale Beziehungen zu ihnen auf. Dabei kommt es immer häufiger vor, dass Menschen die Schauspielerinnen und Schauspieler aus Soap-Operas und Spielfilmen in ihren persönlichen Soziogrammen zwischen guten Freunden, Nachbarn und Bekannten einordnen (vgl. Kersebaum 2005). Deshalb haben viele Fernsehserien überdurchschnittlich hohe Einschaltquoten, weil sie über die Schauspielerinnen und Schauspieler dem Zuschauer ein »Erlebnis« vermitteln, das zwar Fiktion ist, aber für viele Menschen zu einem Teil »unentbehrlicher Realität« wird. Die nächste Folge einer bestimmten Serie wird für viele Menschen wichtiger als etwa ein Treffen mit Freunden oder die Beschäftigung mit sich selbst.

»Mittlerweile lassen sich Wahrnehmungs- und Realitätsverzerrungen zumindest bei bestimmten Gruppen von Fernsehkonsumenten empirisch belegen. Wie die Psychologen Marie-Louise Mares und Stacy Davis vom Center for Communication Research in Madison/Wisconsin 1998 in Befragungen herausfanden, zeigen sich die Auswirkungen gefühlsschwangerer Bilderfluten besonders bei den Vielsehern – Menschen also, die mehr Freizeit als andere vor dem Fernseher verbringen. Sie sind verführt, Wissen aus der Welt ihrer Lieblingssendungen bei Bedarf zur Einschätzung von realen Situationen heranzuziehen. [...] Es zeigte sich, dass Vielseher die diskutierten Probleme aus den Sendungen häufig überschätzen. Sie glaubten etwa, dass ein Viertel aller Teenager bewaffnet zur Schule geht. Tatsächlich liegt die Zahl bei unter einem Prozent« (ebd., S. 33).

Der Soziologe Niklas Luhmann hat in seiner Studie »Die Realität der Massenmedien« folgende nachdenklich stimmende These aufgestellt: »Was wir über unsere Gesellschaft, ja über die Welt, in der wir leben, wissen, wissen wir durch die Massenmedien. [...] Gleichzeitig haben wir jedoch den Verdacht, daß dieses Wissen manipuliert wird. Zumindest kommt es extrem selektiv zustande, gesteuert zum Beispiel durch wenige Faktoren, die den Nachrichtenwert von Informationen bestimmen oder Unterhaltungssendungen attraktiv erscheinen lassen. Aber dieses Gegenwissen wirkt sich nicht aus. Die Realität ist so hinzunehmen, wie sie von den Massenmedien präsentiert und rekursiv, auf sich selbst aufbauend, reproduziert wird« (1996).

Wir werden aber auch durch das Globale, das einerseits durch die Massenmedien, andererseits durch viele andere Einflüsse unserer wissenschaftlich-technisch geprägten Zivilisation auf uns einströmt, oft vereinnahmt und letztlich in der Entfaltung unserer Individualität gehemmt, so eine Analyse des Schriftstellers und Philosophen Rüdiger Safranski. Er schlägt zu Recht vor, die Vereinnahmung durch das Globale so weit auf Distanz zu halten, wie es zum Erhalt unserer Individualität notwendig ist. Damit meint er nicht, den Versuch zu unternehmen, sich gegenüber dem Globalen abzuschotten (2004, S. 77 – 83).

Weil die Distanz zum Globalen nicht jeder durchsetzen kann, sich viele ihm durch Abschottung ganz verschließen und die pessimistische Grundstimmung der Gesellschaft zwangsläufig auch Resignation erzeugt, werden menschliche Energien blockiert. Das ist eine wesentliche Ursache dafür, dass gesellschaftliches Engagement und notwendige Veränderungen und Verbesserungen nicht richtig oder viel zu zaghaft angegangen werden. Darum verwundert es nicht, dass nur ein kleiner Prozentsatz von Menschen sich gesellschaftlich und sozial engagiert und auf ganz wenige die Verantwortung und Arbeit für soziale, kulturelle, ökologische und ökonomische Innovationen und Kurskorrekturen lastet. Gesellschaftliche Fortschritte können aber viel besser erzielt werden, wenn sich mehr als nur ein kleiner Prozentsatz von Menschen für notwendige Veränderungen engagiert und diese Menschen von der Bevölkerung unterstützt werden. Weil dies so nicht ist, versickern die vielen guten Ansätze oftmals im Nichts oder werden nicht so gefördert, dass sie zu gesellschaftlich relevanten Veränderungen werden, die wir Fortschritt nennen.

Viele Verlierer, wenige Gewinner

»*Global angelegte Statistiken haben ihre Schwächen. Eines jedoch können sie zweifelsfrei belegen: Seit den 1980er-Jahren nimmt die Ungleichheit sowohl innerhalb der einzelnen Länder als auch im Ländervergleich dramatisch zu.*«
Atlas der Globalisierung

Die eingangs gestellte Frage, ob die Welt heute besser ist, als sie es gestern war, impliziert im Wesentlichen die Frage nach dem *Fortschritt*, die Summe aller positiv zu bewertenden Veränderungen für die Lebensbedingungen der menschlichen Zivilisation. Fortschritt hat nämlich auch einen quantitativen Aspekt, der naheliegende Ereignisse und aktuelle Trends, ob sie gut oder schlecht sind, nicht überbewerten darf. Würde die Frage lauten: »Gibt es Fortschritt?«, so käme beim Versuch einer weltweiten repräsentativen Befragung wahrscheinlich ein mehrheitlich negatives Ergebnis heraus, letztlich, weil unsere Zivilisation in den letzten Dekaden mehr Verlierer als Gewinner erzeugte. Fortschritt wird nämlich aus gutem Grund in erster Linie von den allgemeinen Lebenschancen und der Lebensqualität der Menschen abhängig gemacht.

Zu den eindeutigen Verlierern oder denjenigen, »an denen der Fortschritt vorbeiging«, zählen 55,6 Prozent aller Menschen, die nach Angaben der Weltbank in Armut leben, also mit einem Einkommen unter zwei US-Dollar pro Tag, darunter 23,2 Prozent, die nur über einen US-Dollar pro Tag verfügen und damit in extremer Armut leben.

In den Millenniumszielen der Vereinten Nationen wurde festgelegt, bis zum Jahr 2015 die Zahl der Menschen, die in absoluter Armut leben (heute etwa 1,15 Milliarden) auf 809 Millionen Menschen zu senken (vgl. Stiftung Entwicklung und Frieden 2003, S. 56 – 57). Die Deutsche Stiftung für Weltbevölkerung schrieb dazu: »Besonders stark betroffen sind die Menschen in Afrika südlich der Sahara und im südlichen Asien. Dort leben 75% der Bevölkerung von weniger als zwei US-Dollar täglich. Gleichzeitig ist die Gesamtfruchtbarkeitsrate sehr hoch: So bekommen Frauen in Afrika südlich der Sahara durchschnittlich 5,5 Kinder. Entsprechend schnell wächst die Bevölkerung der Region: Bis 2050 wird sie sich auf voraussichtlich 1,75 Milliarden Menschen mehr als verdoppeln. Das schnelle Bevölkerungswachstum führt in eine Armutsspirale. Die ohnehin armen Länder müssen immer mehr Menschen mit Bildung, Straßen, Energie, Nahrung und Wasser versorgen. Dabei ist die Versorgung schon heute schwierig« (2006, S. 2). Walter Eberlei von der Stiftung Entwicklung und Frieden hat sich intensiv mit der weltweiten Armut und ihren Hintergründen beschäftigt und fasst nüchtern zusammen: »Weltweit sind bei den schlimmsten Formen von Armut Fortschritte erzielt worden. So ist die armutsbedingte Sterblichkeit von Kindern in fast allen Ländern der Erde gesunken. Langfristige Analysen stützen die Annahme, dass sich die Lebenschancen der Menschen in den vergangenen Jahrzehnten verbessert haben. Dennoch lebt jeder zweite Mensch in Armut (d.h. von weniger als zwei US-$ pro Tag), fast jeder vierte Mensch sogar in extremer Armut. Die Schere zwischen Arm und Reich klafft immer weiter auseinander« (2003, S. 49).

Aber auch unter den sogenannten Gewinnern befinden sich viele Menschen, die bestenfalls als »schlechte Gewinner« einzustufen sind, wenn wir nur einmal den Blick auf die sogenannten Mittelschichten in den Schwellenländern und aufstrebenden Ländern des Südens (Brasilien, China, Indien, Südkorea) richten, die zwar an der wirtschaftlichen Globalisierung partizipieren, aber größtenteils kein gutes Lebensniveau besitzen. Auch unter den Menschen in den Industriegesellschaften des Nordens, die durch die Folgen der wirtschaftlichen Globalisierung und neoliberalen Wirtschaftspolitik der letzten Jahre nicht unbedingt verloren haben, sind viele schon lange keine guten Gewinner mehr, nicht zuletzt, weil sich weiterhin die allgemeinen Arbeitsbedingungen verschärfen. Überdies fallen immer mehr Menschen aus den sogenannten Mittelschichten heraus, weil sie arbeitslos wurden oder ihre Jobs wechseln mussten und unter viel schlechteren Konditionen arbeiten müssen. Dadurch leben zunehmend mehr Menschen »von der Hand in den Mund«, müssen Ersparnisse aufbrauchen und sich verschulden. Das galt bis in die frühen 1990er-Jahre eigentlich »nur« als Problem der Menschen in den Ländern des Südens und Ostens. Huschmand Sabet hat folgende Zahlen anhand von Statistiken der Weltbank, des World Wealth Report und der Zeitschrift Forbes (sie publiziert jährlich eine Liste der weltweit vermögendsten Personen) zusammengestellt, die den Zusammenbruch des globalen Mittelstandes dokumentieren. »[...] Auf der Welt konnten die 587 Dollarmilliardäre im Jahre 2004 einen realen Vermögenszuwachs von etwa 300 Milliarden Dollar verzeichnen. Der Weltmittelstand, etwa 1,2 Milliarden Menschen, hatte im selben Jahr 850 Milliarden Dollar verloren. Die weniger und am wenigsten entwickelten Länder – ihnen werden gut 80 Prozent der Weltbevölkerung zugerechnet – haben nach dieser Statistik trotz zunehmender Globalisierung keine Zuwächse verzeichnet. Diese Schieflage macht ein weiterer Vergleich deutlich: Das Gesamtjahresbudget der Vereinten Nationen macht 1,8 Milliarden Dollar aus, jenes der drei größten deutschen Entwicklungshilfswerke 125 Millionen Dollar – also ›Peanuts‹ gegenüber den Vermögenszuwächsen der ›Superreichen‹: Die ›oberen Zehntausend‹ der Weltbevölkerung verbuchen einen Jahresvermögenszuwachs von einer Billion Dollar, dieselbe Summe übrigens, die jährlich für ›Sicherheit‹ ausgegeben (verpulvert) wird. Der Hintergrund für diese Absurdität liegt im Prinzip des Zinssystems und der geringen Besteuerung von Vermögen: Wer bereits viel hat, bekommt immer mehr dazu« (2005).

Die scheinbaren Gewinner unseres materiell orientierten Fortschrittsmusters, also Menschen, Gruppierungen und Institutionen, die maßgebend die Richtung der Gesellschaft bestimmen, verdecken diejenigen, die mehr oder weniger zu den Verlierern zählen. Hier trifft Bert Brechts Feststellung aus der Dreigroschenoper zu: »Die im Dunkeln sieht man nicht«. Zu ihnen zählt in den Industriegesellschaften des Nordens schon mindestens ein Drittel aller Menschen (Zwei-Drittel-Gesellschaft) mit einem gefährlichen Trend zur Halb-Halb-Gesellschaft, also einer Gesellschaft, die je zur Hälfte aus Gewinnern und Verlierern besteht. Es sprechen leider viele Argumente dafür, dass sich viele Länder des Nordens in diese Richtung bewegen. So gab das statistische Bundesamt der USA am 21.10.05 bekannt, dass 38 Millionen US-Bürger hungern. Bedenken wir das dramatische Anwachsen der Anzahl von Sozialhilfeempfängern, das dauerhaft hohe Niveau der staatlich registrierten Arbeitslosen, den stetigen Abbau der sozialstaatlichen Leistungen, das Anwachsen von Niedriglohnstrukturen auf den Arbeitsmärkten und die zunehmende Überschuldung von Privathaushalten, dann ist die Wahrscheinlichkeit, dass dieser Trend Wirklichkeit wird, nicht unrealistisch. Hier findet sich übrigens ein Grund dafür, dass rein statistisch betrachtet und immer wieder von Politikern und anderen Entscheidungsträgern, oftmals unter Zuhilfenahme von in Auftrag gegebenen Gutachten und Umfragen, für die Öffentlichkeit herausgestellt werden soll, dass es der Gesellschaft als Ganzes nicht schlecht ginge und der gesellschaftliche und politische Kurs richtig sei. Dies ist eine grobe Täuschung! Sie basiert darauf, dass in den Ländern des Nordens überwiegend noch deutlich mehr als 50 Prozent aller Menschen unter relativ unproblematischen Verhältnissen leben. Die anderen, die »sieht man nicht«.

Schwerwiegend ist auch der Umstand, dass die Lebensplanungen vieler Millionen Menschen heute nicht nur von den Geschicken ihrer Arbeitgeber abhängig sind, sondern sehr von den

Unwägbarkeiten der Dynamik der wirtschaftlichen Globalisierung. Selbst die individuelle Bereitschaft, sich für den Arbeitsmarkt attraktiv, also flexibel und fachlich qualifiziert zu halten, reicht oft nicht mehr aus, um längerfristig die individuelle und familiäre Zukunft auch nur mittelfristig planen zu können (vgl. Sennett 2002). Das hat gravierende Folgen für die Gesellschaften. So kann beispielsweise behauptet werden, dass der unsichere Arbeitsmarkt eindeutig zum Geburtenrückgang beiträgt, was für Deutschland in den neuen Bundesländern erwiesen ist.

Dass aus der Perspektive der Massenkultur mehr Pessimismus als Optimismus gegenüber der Zukunft vorherrscht und für sie kein wirklicher gesellschaftlicher Fortschritt existiert, hat aber noch viele weitere Ursachen. Sie sind psychologisch, sozial, kulturell und ökonomisch bedingt. Ihr ursächlicher Zusammenhang wurzelt in der Konstruktion der modernen westlichen Zivilisation, die stark auf dem Kapitalismus aufgebaut ist. Dieser hat das menschliche Beziehungsgeflecht zu sehr auf monetäre Tauschbeziehungen, also Arbeit gegen Geld, Ware gegen Geld, auf Massenkonsum mit bewusst auf Kurzlebigkeit produzierten Waren und auf materielles Wachstum mit einem irrwitzigen Steigerungsdenken eingeengt. Dabei wurde der Mythos einer scheinbar bis ins Unendliche wachsenden Warenwelt entwickelt. Die Verbesserung der Lebensqualität und des Glücks der Menschen wird seit dem frühen 20. Jahrhundert weitgehend mit der Steigerung des materiellen Lebensstandards verbunden. Immer größer, weiter, schneller, höher und mehr gilt in der Massenkultur der Länder des Nordens als erfolgreich, erstrebenswert und auch als sexy, während die Ethik des »Small is Beautiful« (Ernst Friedrich Schumacher 1973) in den allgemeinen Wert- und Handlungsmustern der Menschen einen viel geringeren Stellenwert einnimmt.

Dass sich die mit dem Kapitalismus und seinen Wert- und Handlungsmustern bedingten Entwicklungen vielfach fatal auf die Welt auswirkten und noch weiterhin auswirken, lässt sich durch eine Vielzahl an Fakten beweisen. Denken wir nur einmal an die ungezählten Suchtkranken; die hohen Mord- und Kriminalitätsraten und die Verrohung der Sitten; die Krise der Familie, die verbunden ist mit der zunehmenden Vereinzelung und Vereinsamung von Menschen; die Bevölkerungsexplosion in weiten Teilen des Südens und der damit verbundene Hunger auf der Welt, der auch mit katastrophalen Verteilungsungerechtigkeiten zu tun hat; die permanenten Wirtschaftskrisen, die sich auf eine Wirtschaftsweise begründen, die letztendlich nicht mit den Ressourcen der Welt wirtschaftet, sondern sie verschwendet; den internationalen Terrorismus, der seine Wurzeln nicht zuletzt in der Spaltung der Welt zwischen Arm und Reich hat; die globalen Ausgaben für Rüstung und Kriege, die mehr als das Zehnfache dessen betragen, als die Ausgaben der Welt um Armut und Hunger zu bekämpfen; die eklatanten Ungleichheiten der Lebenschancen und -bedingungen auf der Welt und denken wir an die fortschreitende Zerstörung der natürlichen Lebensräume. Nicht übersehen werden darf auch die Denaturierung und der zunehmende Qualitätsverlust unserer Lebensmittel, die unwiederbringlichen Verluste an Tier- und Pflanzenarten sowie an genetischer Vielfalt; die Ausweitung von Wüsten und die Erosion von Ackerböden, die 10 bis 40 Mal schneller abläuft als die Neubildung. Die fossilen Energieträger, Öl, Erdgas und Kohle werden bei anhaltendem Trend nur noch wenige Jahrzehnte reichen und der Rohstoff Wasser wird heute so stark genutzt, dass schon heute die natürliche Neubildung nicht mehr ausreicht, um alle Menschen vernünftig mit Wasser zu versorgen. Allein bei dieser skizzenhaften Auflistung kommt die berechtigte Frage auf, wo denn der Fortschritt für die Menschheit geblieben ist. Gab es ihn für die Menschheit als Ganzes überhaupt jemals oder existierte er bestenfalls nur in einigen Kulturen oder Ländern?

Schon im Jahre 1956 zog Erich Fromm folgendes Fazit für die westlichen Industriegesellschaften: »Unsere Gesellschaft wird von einer Manager-Bürokratie und von Berufspolitikern geleitet; die Menschen werden durch Massensuggestion motiviert; ihr Ziel ist, immer mehr zu produzieren und zu konsumieren, und zwar als Selbstzweck. Sämtliche Aktivitäten werden diesen wirtschaftlichen Zielen untergeordnet; die Mittel sind zum Zweck geworden; der Mensch ist ein gut ernährter, gut gekleideter Automat, den es überhaupt nicht mehr interessiert, welche menschlichen Qualitäten und Aufgaben ihm eignen« (1980, S. 145). Erich Fromms Feststellungen wurden seit dem Jahre 1956 durch die Realität immer mehr bestätigt.

Die Ökonomie des Spätkapitalismus und die neoliberale Politik haben auch dazu geführt, dass berufliche Arbeit immer weniger Menschen über das reine Geldverdienen hinaus Freude bereitet, Lebenssinn stiftet und Vertrauen in die persönliche Zukunft vermittelt, die geplant sowie abgesichert sein will. Die auf Effizienz und Wachstum fixierten Unternehmen werten die Arbeit ihrer Mitarbeiter immer weniger nach ihrem Können, sondern an ihrer Flexibilität. Ungeachtet dessen fordert und fördert die neoliberale Politik die Flexibilität der Menschen auf dem Arbeitsmarkt. Sie straft diejenigen über Kürzungen in den sozialen Sicherungssystemen ab (Arbeitslosenversicherung, Sozialhilfe, Krankenversicherungen), die die geforderte Flexibilität verweigern. Zygmunt Bauman schreibt dazu: »Nach jüngsten Berechnungen wechselt ein junger, durchschnittlich ausgebildeter Amerikaner den Arbeitsplatz im Laufe seines Arbeitslebens mindestens elfmal – und die Wechselfrequenz wird bei der derzeit im Arbeitsmarkt aktiven Generationen vermutlich eher noch zunehmen. Die Tageslosung lautet ›Flexibilität‹. Bezogen auf den Arbeitsmarkt bedeutet das das Ende des guten alten Arbeitsplatzes und den Beginn von Arbeitsverhältnissen auf der Basis von kurzfristigen oder von Kettenverträgen, wenn nicht gar ohne Verträge. Solche Positionen haben keine eingebaute Sicherheit, sie halten ›bis auf Weiteres‹, und das Arbeitsleben ist voller Ungewissheit« (2003, S. 174). Diese Flexibilität ist schon lange nicht mehr auf die USA begrenzt, sondern hat alle alten Industriegesellschaften erfasst. In unserer Zeit des raschen Wandels und globalisierten Wettbewerbs ist auch immer weniger die handwerkliche Einstellung, also das fachliche Können und Detailwissen der Mitarbeiter in den wirtschaftlichen Unternehmen gefragt, sondern ihre Fähigkeiten zum möglichst schnellen Umdenken und Umlernen. Dabei ist weniger die Qualität gefragt, sondern die Effizienz der Arbeit, die auf Quantität zielt, um letztendlich die höchsten Gewinne zu erzielen. Es herrscht in zahlreichen Unternehmen ein oftmals rigoroses Steigerungsdenken vor, um möglichst jedes Jahr neue Gewinnrekorde zu erzielen. Um dieses durchzusetzen, gilt die Maxime: »Was heute noch richtig ist, kann morgen schon falsch sein.« Wenn Mitarbeiter dies nicht einsehen können oder wollen, dann wird ihnen mangelnde Belastbarkeit vorgeworfen und sie müssen um ihre Jobs bangen. Weil die Effizienz der Mitarbeiter und die mögliche Gewinnmarge immer mehr an den Indikatoren der globalisierten Märkte gemessen wird, wo fast ausschließlich der Aktienwert (Shareholder Value) oder die Gewinnerwartungen der Eigentümer (wenn es keine Aktiengesellschaften sind) die meisten Unternehmenskulturen bestimmen und viele Unternehmen sich aus Gründen der Gewinnmaximierung neben ihren Kerngeschäften immer weitere neue Geschäftsfelder aufbauen, wird von den Mitarbeitern oftmals ein völliges Umdenken in kurzen Zeitintervallen und Flexibilität (psychisch wie physisch) abverlangt. Unter den Bedingungen dieser neuen Arbeitswelt, die auch einhergeht mit zunehmender Endsolidarisierung innerhalb der Belegschaften in vielen Unternehmen, scheitern immer mehr Menschen. Entsolidarisierung unter den Belegschaften entsteht aus vielschichtigen Gründen, wobei die persönliche Angst um den Arbeitsplatz nicht unwesentlich dazu beiträgt, dass Menschen sich weniger zusammenschließen (gewerkschaftlich oder durch den Aufbau von Betriebsräten) oder die mit geringem Engagement und mit Hemmungen gegen Missstände an den Arbeitsplätzen protestieren. Ebenso gelingt es vielen Arbeitnehmern nicht, sich den innerbetrieblichen Anforderungen und der Flexibilität, die der Arbeitsmarkt fordert, zu stellen, ohne dass dadurch gesundheitliche, familiäre und persönliche Krisen entstehen. Dabei bleibt es nicht aus, dass darunter auch das Selbstwertgefühl vieler Menschen leidet. Das hat zwei Hauptgründe: erstens, weil ihnen vor dem Hintergrund hoher Arbeitslosigkeit und des andauernden Auf und Ab in der Weltwirtschaft immer mehr das Gefühl der Austauschbarkeit und des Ausgeliefertseins durch die Arbeitgeber vermittelt wird. Ferner wird die Individualität der Menschen in den Jobs durch die Unternehmenskultur des 21. Jahrhunderts zunehmend weniger gewürdigt – nicht mehr der Mensch, sondern seine Funktion ist gefragt. Zweitens, weil weniger die Qualität der Arbeit und das fachliche Können, sondern mehr die Effizienz und Fähigkeit zur Flexibilität gefragt sind. Mitarbeiter sind für viele Unternehmen zu »Einheiten« degradiert, die ausschließlich den Gewinn steigern sollen. Schaffen sie ihre Arbeiten wegen erhöhter Aufgabenstellungen und/oder wegen Personalabbaus nicht, so ist dann aus den Führungsetagen immer öfter zu hören, dass das Personal dann schneller arbeiten soll. Damit werden sie ähnlich wie Maschinen behandelt. Die soziale Verantwortung für die Mitarbeiter und ihre Familien zählt in der Unternehmenskultur des 21. Jahrhunderts nicht mehr viel. Dies kann auch als ein Rückfall in die Zeiten des Frühkapitalismus gewertet werden. Der Soziologe Richard Sennett hat die neue Arbeitswelt viele Jahre in Theorie und Praxis analysiert und zieht u. a. folgende Schlussfolgerung: »Die handwerkliche Einstellung bezeichnet im weiteren Sinne den Wunsch, etwas um seiner selbst willen gut zu tun. Alle Menschen wünschen sich die Befriedigung, etwas gut zu tun, und möchten an das glauben, was sie tun. Doch in der Arbeitswelt, im Bildungswesen und in der Politik vermag die neue Ordnung diesen Wunsch nicht zu erfüllen. Die neue Arbeitswelt ist zu mobil, als dass der Wunsch, etwas um seiner selbst willen gut zu tun, sich über Jahre oder Jahrzehnte in der Erfahrung des

Einzelnen entwickeln könnte. Das Bildungswesen, das die Menschen auf mobile Arbeit vorbereitet, begünstigt die leicht zu findenden Lösungen gegenüber dem Bemühen um ein tieferes Verständnis. Und der politische Reformer, der die Kultur der fortgeschrittenen privaten Institutionen nachahmt, verhält sich eher wie ein Konsument auf der ständigen Suche nach Neuem und kaum wie ein Handwerker, der stolz auf die Dinge ist, die er gemacht hat und die er besitzt« (2005, S. 163).

Bei immer mehr Menschen, die über Kapital verfügen und es für sich arbeiten lassen, ist eine noch nie dagewesene Gier nach Profit um fast jeden Preis weltweit festzustellen. Nicht nur große Konzerne, sondern auch immer mehr mittelständische Betriebe entlassen ohne Not einen Teil ihrer Mitarbeiter, um ihre Gewinne zu steigern, ungeachtet der Tatsache, dass sie gute bis sehr gute Gewinne erwirtschaften. Oder sie stellen keine neuen oder zu wenig neue Mitarbeiter ein, obwohl dies aufgrund der Auftragslagen erforderlich wäre, und holen somit mehr aus dem Personal heraus, um ihre Gewinne zu steigern. Dadurch üben sie großen Druck und Zukunftsängste bei den verbleibenden Mitarbeiterinnen und Mitarbeitern aus. Nicht zuletzt aus diesen Gründen wurde »Entlassungsproduktivität« zum Unwort des Jahres 2005 von einer Jury aus Sprachwissenschaftlern am 24.01.2006 gewählt. Es meint eine gleichbleibende, wenn nicht gar gesteigerte Arbeits- und Produktionsleistung, nachdem zuvor zahlreiche »überflüssige« Mitarbeiter entlassen wurden. Der Begriff verschleiert die Mehrbelastung derjenigen, die ihren Arbeitsplatz behalten, urteilte die Jury.

Vor dem Hintergrund dieser veränderten Arbeitswelt bietet uns anscheinend nur die Vergangenheit die Möglichkeit, auf etwas zurückzuschauen, das sich nicht mehr verändert. Wir können uns durch sie in eine andere Zeit versetzen, die für uns scheinbar berechenbar und stabil war. Sie ist für viele auch verbunden mit der Entität des »abgeleisteten Lebens« oder »der bewältigten Aufgaben des Lebens«. Im Großen und Ganzen ist sie für viele Menschen subjektiv schon deshalb besser als Gegenwart und Zukunft, weil sie individuell interpretiert und auch schöngeredet werden kann, denn was uns bekannt ist, macht uns keine Sorgen, bereitet uns keine Ängste. Unbekanntes dagegen wird meistens skeptisch beurteilt. Diese Haltung ist zutiefst menschlich, sie gab es immer und wird es immer geben. Es stellt sich aber die Frage, ob sie heute begründeter ist als zu früheren Zeiten. Wenn ja, ist sie es dann vielleicht auch deshalb, weil in unseren alternden Gesellschaften es den Älteren relativ zu den Jüngeren immer schwerer fällt, sich auf das Tempo der gesellschaftlichen Veränderungen einzustellen? Parallel zu dieser Entwicklung stellt sich den Jüngeren eine Gesellschaft dar, die ihnen immer deutlicher zeigt, dass es auf sie »nicht unbedingt« ankommt. Bedenken wir nur die Situation auf den Arbeitsmärkten, die durch zu wenige freie Stellen und immer höhere Anforderungsprofile für attraktive Berufe geprägt ist und wenn wir die hohe Jugendarbeitslosigkeit heranziehen, dann wird dieser Sachverhalt deutlich. Auch in diesem Kontext darf es nicht verwundern, dass Gegenwart und Zukunft allgemein pessimistisch betrachtet werden.

Sicherheitsbedürfnisse, Ausgrenzungen und soziale Kälte

Angesichts des beschleunigten gesellschaftlichen, kulturellen und wissenschaftlich-technischen Wandels, den wir mit dem Terminus »Globalisierung« völlig unzureichend und sicherlich auch etwas hilflos einzugrenzen versuchen, der fast alles, was uns umgibt, in immer kürzeren Zeitabschnitten verändert oder infrage stellt, wächst die Sehnsucht vieler Menschen nach Kontinuität, Stabilität und Authentizität. Schon heute können wir, ohne hellseherische Begabungen an den Tag zu legen, absehen, dass unsere lokalen und globalen Realitäten (Infrastrukturen, Technologien) und viele unserer Wert- und Handlungsmuster in nur 10 Jahren sehr verändert sein werden. In nur 20 Jahren hätte ein Durchschnittsbürger vermutlich mit dem Wissen von heute einige Probleme, sich in der Welt zurechtzufinden. Schauen wir zurück in die Vergangenheit, über die wir über konkretes Wissen verfügen, dann wird diese Vorausschau auf die nächsten 10 oder 20 Jahre plausibel, denn was sich alles in den letzten zwei Jahrzehnten in politischer, gesellschaftlicher und wissenschaftlich-technischer Hinsicht verändert hat, übersteigt das Vorstellungsvermögen eines Durchschnittsmenschen. Wir leben ganz ohne Zweifel in einer höchst turbulenten Epoche. Es gilt inzwischen als völlig normal, sich im Berufsleben, aber auch im privaten Umfeld, immer wieder und in zunehmend kürzeren Zeitabständen den rasanten wissenschaftlich-technischen Innovationen und den verbundenen ökonomischen und gesellschaftlichen Veränderungen anzupassen.

Dieser beschleunigte Wandel ist historisch ohne Beispiel. Dass er auch eine gefährliche Entwicklung impliziert, hat in den 1990er-Jahren der Physiker und Evolutionstheoretiker Peter Kafka erkannt. Für die Schnelligkeit des globalen Wandels hat er den Begriff der »globalen Beschleunigungskrise« geprägt (Kafka 1994). Die Chancen der Menschen auf ein gesellschaftliches, berufliches und somit auch privates Umfeld, das Beständigkeit, überschaubare Veränderungen und Zukunftssicherheit garantiert waren nie geringer als heute. Relative Beständigkeit, langsame Veränderungen, ein überschaubares soziales und ökonomisches Umfeld und dadurch ein halbwegs planbares Leben haben Menschen und ihre Gesellschaften jedoch seit Jahrtausenden begleitet. Die Langsamkeit vergangener Zeiten kann aber nicht mehr »zurückgeholt« werden, sie wurde mit der industriellen Revolution und dem wissenschaftlich-technischen Fortschritt regelrecht vertrieben. Nun leiden viele Menschen unter dem beschleunigten Wandel, obwohl sie in den meisten Fällen selbst daran Anteil haben, denn er ist primär ökonomisch bedingt und nur wenige haben das Privileg oder die individuelle Fähigkeit, sich den ökonomischen Zwängen zu entziehen. Ebenso trägt das Freizeitverhalten vieler Menschen dazu bei, die Beschleunigung der Ereignisse zu erhöhen. Muße hat in der Kultur mit westlichem Lebensstil einen geringen Stellenwert.

Vor diesem Hintergrund wird uns immer bewusster, dass wir kaum noch den Schutz und die Geborgenheit durch Mitmenschen und gesellschaftliche Institutionen bekommen, nach denen sich der Mensch von Natur aus sehnt. Letzteres garantieren uns zwar prinzipiell die Verfassungen, in Deutschland das Grundgesetz, welches im Artikel 2 festlegt: »Jeder hat das Recht auf Leben und körperliche Unversehrtheit. Die Freiheit der Person ist unverletzlich. In diese Rechte darf nur auf Grund eines Gesetzes eingegriffen werden.« Aber nicht jedes Individuum ist in der gelebten Realität leider nicht gleich viel wert – gleiches Recht bekommt noch lange nicht jeder und immer mehr Staaten greifen durch Gesetze in die Rechte des Individuums ein, was durch den letzten Satz des Artikels 2 des deutschen Grundgesetzes sogar ermöglicht wird.

Die Terroranschläge von NineEleven bzw. der internationale Terrorismus dienen strukturkonservativen Politikern zur Rechtfertigung, um die Persönlichkeitsrechte der Bürger in den USA im Besonderen und in vielen anderen Ländern im Allgemeinen zu beschneiden. Dabei wurden in vielen Ländern immer mehr Gesetze verabschiedet, um Menschen zu belauschen, zu bespitzeln oder willkürlich zu verhaften. So wurden in den USA durch das »Patriot Act« die Bürgerrechte nach NineEleven zum Teil erheblich eingeschränkt.[1] In Deutschland sind nach NineEleven

---

[1] Das USA Patriot Act (Abkürzung für Uniting and Strengthening America by Providing Appropriate Tools Required to Intercept and Obstruct Terrorism Act of 2001, dt. etwa: »Gesetz zur Stärkung und Einigung Amerikas durch Bereitstellung geeigneter Werkzeuge, um Terrorismus aufzuhalten und zu blockieren«) ist ein amerikanisches Bundesgesetz, das am 25.10.2001 vom Kongress im Zuge des Krieges gegen den Terrorismus als Reaktion auf die Terroranschläge am 11.09.2001 verabschiedet wurde. Es bringt eine Einschränkung der amerikanischen Bürgerrechte in größerem Maße mit sich.

die umfangreichsten Sicherheitsgesetze der bundesdeutschen Rechtsgeschichte in Kraft getreten. Dabei wurden auch die Befugnisse für Polizei und Geheimdienste erheblich erweitert. Nach Deutschland übergesiedelte bzw. eingewanderte Personen (sogenannte Migranten) wurden eine Zeit lang sogar unter Generalverdacht gestellt und nicht selten streng überwacht. Dies wurde später durch das Bundesverfassungsgericht als verfassungswidrig eingestuft. Durch diese Maßnahmen wird der totale Überwachungsstaat, wie ihn Georg Orwell in seinem Weltbestseller »1984« beschrieben hat, ein wenig mehr Realität. Weil die nationale Sicherheit betroffen ist, so der Tenor vieler konservativer Politiker, brauchen die Überwachungsmaßnahmen oft nicht einmal die nationalen Parlamente zu durchlaufen. In Planung ist etwa die »intelligente Kreditkarte«, auf der die wichtigsten Personendaten und auch die Konsumgewohnheiten des Besitzers gespeichert sein sollen. Die Daten darauf können dann detailliert ausgewertet werden. Darüber hinaus wird in Deutschland seit Ende März 2007 eine gesetzlich verabschiedete Antiterrordatei eingesetzt. In ihr sind terrorverdächtige Personen mit möglichst vielen Zusatzinformationen erfasst. Auf diese Datei haben das Bundeskriminalamt, die Bundespolizeidirektion, die Landeskriminalämter, die Verfassungsschutzbehörden des Bundes und der Länder, der Militärische Abschirmdienst (MAD), der Bundesnachrichtendienst sowie das Zollkriminalamt Zugriff. Das Schlimmste an der Antiterrordatei ist aber die Tatsache, dass Informationen von Polizei und Geheimdiensten zusammengeführt werden. Sie können, im Unterschied zu polizeilichen Dateien, auch Informationen über sich rechtmäßig korrekt verhaltende Personen und zudem auch von nicht gesicherten anonymen Quellen enthalten. Im Jahre 2007 waren schon Informationen von über 13.000 Personen in der zentralen Datenbank der Antiterrordatei gespeichert. Ebenso wurde das Datenschutzgesetz in Deutschland und in vielen anderen Ländern nach und nach gelockert, beispielsweise durch die Überwachung und teilweise

Auswertung von E-Mails und des Internets, der Lockerung des Bankgeheimnisses, das Abhören von Telefon- und Handygesprächen und anderen Maßnahmen, wie etwa solche, dass immer mehr öffentliche Bereiche durch Videokameras überwacht werden. Die schrittweise Einführung von Fingerabdrücken als zusätzliches biometrisches Merkmal in Ausweisen aller EU-Mitgliedsländer wurde bereits im Jahre 2005 beschlossen. Ab 2009 sollen digitale Fingerabdrücke in allen wichtigen Ausweisen enthalten sein. All diese Maßnahmen sind im Zeitalter der global verfügbaren und vernetzten Informations- und Kommunikationsmedien (Internet, E-Mail, Handy) und durch das Global Positioning System (digitales Satellitennavigationssystem – GPS) technisch relativ einfach umzusetzen.

Aufgrund dieser Maßnahmen sind die großen Errungenschaften der Freiheit in vielen Ländern auf dem Rückzug. Sie werden nach und nach einem fatalen Streben der Menschen nach Sicherheit geopfert, die durch eine Politik der Angst vor dem Terrorismus geschürt wird. Dazu Barbara Lochbihler, Generalsekretärin der deutschen Sektion von Amnesty International: »Angst ist eine treibende Kraft der Weltpolitik geworden. Diese Politik der Angst hat sich 2006 verfestigt: Regierungen nutzen die Furcht vor Terrorismus gezielt, um Freiheitsrechte zugunsten einer verschärften Sicherheitspolitik einzuschränken« (Newsletter von Amnesty International vom 12.06.2007). Der Rechtsanwalt und Präsident der Internationalen Liga für Menschenrechte, Rolf Gössner, schrieb über »Bürgerrechte in Zeiten des Terrors« auf den Tag genau fünf Jahre nach NineEleven: »Anstatt der Bevölkerung die Wahrheit über Unsicherheitsfaktoren in einer demokratischen und hochtechnisierten Risikogesellschaft zuzumuten, machen ihr Regierungspolitiker immer wieder unhaltbare Sicherheitsversprechen. Dreist bedienen sie das ohnehin starke Sicherheitsbedürfnis der Bürger und nutzen es zur Legitimation längst geplanter Nachrüstungsmaßnahmen – auch wenn die wenigsten zur Bekämpfung eines religiös aufgeladenen, selbstmörderischen Terrors taugen. Längst sind dabei rechtsstaatliche Dämme und bürgerrechtliche Tabus gebrochen. Wir sind Zeugen nicht nur einer Demontage des Sozialstaates, sondern auch des Völkerrechts, der Bürgerrechte und rechtsstaatlicher Prinzipien – zivilisatorischer Errungenschaften, die mühsam erkämpft wurden« (2006).

Brachte noch die Volkszählung in Deutschland des Jahres 1987 sehr viel engagierten Protest in breiten Bevölkerungskreisen, so ist seit einigen Jahren, speziell in Deutschland, festzustellen, dass nur noch engagierte Menschenrechtsorganisationen und relativ wenige kritische Bürger sich gegen die Überwachungsmaßnahmen und Gefährdungen der Privatsphäre durch sog. Sicherheitsmaßnahmen des Staates im »Kampf gegen den Terror« zu Wehr setzen bzw. dagegen protestieren. Sind wir, kollektiv betrachtet, vielleicht müde geworden, um immer wieder auf die schleichende Demontage unserer Bürgerrechte und rechtsstaatlicher Prinzipien durch den Staat zu reagieren? Könnte es nicht zudem sein, dass wir erschöpft sind, weil scheinbar nichts Neues mehr erstritten und erkämpft werden kann, sondern wir immer mehr in die Defensive gedrängt werden und schon das als Erfolg gefeiert werden muss, was an zivilisatorischen Errungenschaften nicht durch den Staat verloren geht?

Oder ist doch die Mehrheit der Bevölkerung mit den oben genannten Maßnahmen des Staates einverstanden, weil auch andererseits festzustellen ist, dass immer mehr Bürger in ihre private Sicherheit investieren. Die Branche zur Absicherung von Häusern und Grundstücken mit Bewegungsmeldern, Alarmanlagen, Videoüberwachung und Sicherheitsvorkehrungen gegen Diebstahl boomt seit Jahren wie nie zuvor. Die allgemeine Verunsicherung der Menschen hat diesen Boom ausgelöst.

In diesem Zusammenhang wachsen auch Anzahl und Gruppierungen der Menschen, die in den reichen Ländern des Nordens aus unterschiedlichen Gründen ausgegrenzt und ausgenutzt werden. Sie werden es, weil sie einerseits nicht einer »Norm« entsprechen, die sich die gesellschaftliche Mitte bzw. die Massenkultur vorstellt. Andererseits werden Menschen, die ausgegrenzt werden auch als Sicherheitsrisiko und Belastung für die Gesellschaft empfunden. Zu ihnen zählen Flüchtlinge, die es immer schwerer haben, Asyl zu bekommen; Staatenlose, die nirgendwo Heimat finden; Obdachlose, die immer schlechter behandelt werden; Elends- und Umweltflüchtlinge, die als Wirtschaftsflüchtlinge diffamiert sowie hin- und hergeschoben werden; ausländische Mitbürger, die überwiegend sehr schlecht bezahlte Arbeit verrichten; Wanderarbeiter (sie gibt es nicht nur in China), die ihren Lebensunterhalt damit verdienen, dass sie fast jede Arbeit zu fast jeder Bedingung an fast allen Orten ausüben und schließlich die Menschen, die längere Zeit von Arbeitslosigkeit betroffen sind. Sie werden gesellschaftlich latent, vielfach aber auch deutlich als finanzielles Problem und Soziallast von denen angesehen, die noch Arbeit haben.

Bedingt durch die neoliberale Weltwirtschaft und dem Kapitalismus des 21. Jahrhunderts sind die Staaten dabei, auch den sozialen Schutz des Individuums spürbar zu reduzieren, da er nicht mehr finanzierbar erscheint. Weil sie durch die Massenarbeitslosigkeit, aber auch aufgrund zunehmender Steuerflucht der Reichen in sog. Steueroasen den Sozialstaat alter Qualität nicht mehr aufrecht halten können, wandeln sie sich immer mehr zu Sicherheitsstaaten. Zygmunt Bauman schrieb dazu treffend: »Er [der Staat] kann seinen Bürgern zwar nicht mehr Sicherheit im umfassenden Sinne von Gewissheit, Versorgtheit und Unversehrtheit geben. Er kann keine kollektive Absicherung gegen persönliches Missgeschick bieten. Weil er diese Macht eingebüßt hat, konzentriert er sich auf Sicherheit im Sinne der Bekämpfung von kriminellen Übergriffen, der Gewährleistung individueller Gesundheit und des Verbraucherschutzes. Dieses Versprechen, notwendigen Schutz zu geben, geht einher mit dem Anwachsen von Ängsten vor Fremden, und mit diesen Ängsten lässt sich trefflich Profit machen« (2005, S. 66).

Das große Unbehagen

Angesichts der vielen lokalen und globalen Krisen und den sich daraus ableitenden Herausforderungen wird vielfach die Meinung vertreten, dass die Macht- und Eigentumsverhältnisse so strukturiert wären, dass die gesellschaftlichen Gegenkräfte und Impulse für Kurskorrekturen, die in Richtung einer gerechteren und nachhaltigen Gesellschaft führen könnten, zu gering ausfallen und daher sinnlos wären. Diese weitverbreitete Einstellung wird durch eklatantes und skrupelloses Handeln von einigen Interessengruppen, die über Macht und Kapital verfügen, gefördert. So sind einige Ökonomen, Entscheidungsträger aus der Politik und Geschäftsleute dabei, selbst die letzten Reste unberührter Natur für wirtschaftliche Zwecke zu opfern. Dies verstärkt den Trend, dass fast jeder Quadratmeter der Erde auf die eine oder andere Weise wirtschaftlich genutzt wird, ohne jede Rücksichtnahme auf die ökologischen Schäden und die Folgen für die Lebensmöglichkeiten der davon betroffenen Menschen heute und in Zukunft. Darüber hinaus werden immer mehr Bereiche der Ethik und des menschlichen Handelns infrage gestellt oder ignoriert, die zu Recht viele Jahrhunderte als unantastbar galten. Dafür acht drastische Beispiele der letzten Jahre.

1. Die empfindlichen Ökosysteme der Arktis und Antarktis werden durch zunehmenden Tourismus (Kreuzfahrten) in Mitleidenschaft gezogen.

2. Das außerordentlich sensitive Ökosystem Alaskas wird in den nächsten Jahren noch mehr gestört, weil dort die allerletzten Erdölreservate der USA durch Erdölkonzerne erschlossen wer-

den sollen. (Es wird schon sehr lange in Alaska Erdöl gefördert und durch die vorhandene Erdölförderung, die Pipelines und die dazugehörige Infrastruktur wurden dort schon große Teile seiner Umwelt stark zerstört – erinnern wir uns nur einmal an die verheerende Ölpest des Jahres 1989, nachdem der Tanker Exxon Valdez des Öl-Konzerns Exxon auf Grund gelaufen war.)

3. Immer mehr Umweltgruppen aus den Tropen richten sich mit dramatischen Hilferufen zum Thema Bioenergie (»nachwachsende Rohstoffe«) an die NGOs der Länder des Nordens. Sie bitten sie, den maßgebenden Entscheidungsträgern und der Bevölkerung klar zu machen, welche katastrophalen Auswirkungen Bioenergie aus Palmöl, Soja und Zuckerrohr für die Menschen und Wälder in den südlichen Ländern der Erde hat. Ein Umstieg von fossilen auf biogene Energien darf nicht auf Kosten der Tropenländer gehen. Bio-Treibstoffe aus Palmöl, Soja oder Zuckerrohr sind keine erneuerbaren Energien, sondern es handelt sich um eine Kahlschlag-Energie (vgl. auch im Internet: www.regenwald.org). Trotzdem wird, besonders in der Europäischen Union, immer mehr Bioenergie aus den Ländern des Südens importiert, um beispielsweise Diesel-Kraftstoff aus Rohöl damit zum Teil zu substituieren. Den Menschen in der Europäischen Union wird dann dieser Bio-Diesel als ökologisch unbedenklich angepriesen, obwohl der Anbau der dafür erforderlichen Rohstoffe in den Ländern des Südens verheerende ökologische Schäden anrichtet und dort vielen Menschen und Tieren den Lebensraum zerstört. »[...] Bei Rohstoffen aus tropischen Regionen, etwa Soja aus Brasilien oder Ölpalmen aus Südostasien, schlägt vor allem die Brandrodung riesiger Regenwaldflächen und deren Umwandlung in Plantagen für die Energiepflanzen negativ zu Buche. Das schädigt das Klima durch große Mengen an Kohlendioxid und belastet die Umwelt mit Schadstoffen wie Ruß, Stickoxiden, Aerosolen und Dioxinen. Durch Monokulturen geht außerdem biologische Vielfalt

verloren«, berichtete das Wissenschaftsmagazin »bild der wissenschaft« über die Umweltverträglichkeit alternativer Treibstoffe auf der Basis von Forschungsergebnissen des Forschungsinstituts für Materialwissenschaften und Technologie der Eidgenössischen Technischen Hochschule in Zürich (09/2007, S. 9).

4. Im März 2007 ging die Samling-Gruppe, ein malaysischer Holzkonzern, mit maßgeblicher Unterstützung der Credit Suisse (Zürich) in Hongkong an die Börse. Die Hamburger Organisation »Rettet den Regenwald e.V.« berichtete darüber erstmals am 19.02.2007: »Die Umwelt- und Menschenrechtsorganisation Bruno-Manser-Fonds aus Basel (Schweiz) berichtet: Die in der malaysischen Stadt Miri (Bundesstaat Sarawak) auf Borneo ansässige Samling-Gruppe ist einer der größten malaysischen Holzkonzerne und maßgeblich an der anhaltenden weltweiten Abholzung der tropischen Regenwälder beteiligt. Samling verfügt derzeit über rund 4 Millionen Hektar Holzkonzessionen in Malaysia, Guyana, China und Neuseeland und war in der Vergangenheit auch an illegalem Holzschlag in Kambodscha und Papua-Neuguinea beteiligt. Besonders in der Kritik steht Samling im malaysischen Bundesstaat Sarawak, wo der Konzern für die Abholzung eines großen Teils der vom indigenen Volk der Penan bewohnten Urwälder verantwortlich ist. Am 07.02.2007 räumte die malaysische Polizei auf Betreiben von Samling eine von Penan errichtete Blockade einer Holzfällerstraße bei Long Benali im Oberlauf des Baram-Flusses. Ebenfalls in Sarawak wird der Lebensraum der Nomadengruppe von Häuptling Along Sega, bei dem der Schweizer Regenwaldschützer Bruno Manser während vier Jahren lebte, von den Bulldozern der Samling-Gruppe zerstört. Auch in Südamerika verletzt Samling bei der Abholzung des Regenwaldes grundlegende ökologische und soziale Standards. So entzog der Forest Stewardship Council (FSC) im Januar 2007 der Samling-Gruppe die Zertifizierung einer Holzkonzession von 570.000 ha in Guyana

wegen grober Verstöße gegen die Zertifizierungsbedingungen. Die Bankengruppe Credit Suisse hat im Unterschied zu anderen internationalen Banken keine transparenten Standards für den Umgang mit Umwelt- und Menschenrechtsfragen. Durch die Organisierung des Börsengangs einer Firma, welche den Regenwald zerstört und die Rechte indigener Gemeinschaften verletzt, steht die Bank mit in der Schuld« (www.regenwald.org/). Auch die Fernsehsendung »Rundschau. Politik und Wirtschaft aus Schweizer Sicht« berichtete detailliert und kritisch über die Samling-Gruppe und die Rolle der Credit Suisse beim Börsengang der Samling-Gruppe. Diese Sendung wurde am 22.08.2007 in Deutschland erstmals im Fernsehsender 3sat ausgestrahlt und am 26.08.2007 wiederholt. Der Bruno-Manser-Fonds, ein Verein für die Völker des Regenwaldes mit Sitz in Basel, berichtete auf seiner Website am 05.06.2007: »Der internationale Druck gegen den von Credit Suisse unterstützten Tropenholzkonzern Samling zeitigt einen ersten Erfolg: nach einem Besuch von Medienvertretern im Indianerdorf Akawini im Regenwald von Guyana (Südamerika) hat Samling angekündigt, sich aus dem Gebiet von Akawini zurückzuziehen. Mit diesem Schritt möchte der malaysische Holzkonzern einer von den Indianern angekündigten Klage gegen die illegalen Aktivitäten ihrer Firma zuvorkommen. [...] Der Bruno-Manser-Fonds und die Gesellschaft für bedrohte Völker fordern, dass Credit Suisse die Geschäftsbeziehungen zu Samling abbricht und den Ertrag aus dem Börsengang von Samling – rund 10 Millionen US-Dollar – den geschädigten Urwaldvölkern in Guyana, Kambodscha, Malaysia und Papua-Neuguinea rückerstattet« (www.bmf.ch/de/news/).

5. Menschliche, tierische und pflanzliche Gene werden immer mehr patentiert, um sie gewinnbringend zu ökonomisieren.

6. Viele Saatgutsorten werden gentechnisch manipuliert. Dabei werden primär die Interessen multinationaler Konzerne

durchgesetzt, nicht die, die einer zukunftsfähigen Landwirtschaft entsprechen würden. Forscher des US-Unternehmens Delta & Pine haben bereits in den 1990er-Jahren Saatgut gentechnisch so verändert, dass es nur einmal keimt, also nach der ersten Ernte nicht für eine Wiederaussaat weiterverwendet werden kann. Ein eingebautes Gen verhindert, dass das Saatgut neue Saat produzieren kann. Dafür haben Delta & Pine und die US-Regierung, vertreten durch das Landwirtschaftsministerium, ein Patent. Es wurde in ähnlicher Form bereits in den USA und in Kanada erteilt. Angemeldet ist es zudem in Australien, Brasilien, China, Japan, der Türkei und Südafrika. Das Europäische Patentamt in München hat am 05.10.2005 dieser Technologie den Patentschutz zugesprochen. Das Patent EP 775212 B gilt für alle Pflanzen, die gentechnisch so manipuliert wurden, dass ihre Samen nicht mehr keimen können. Es soll die Bauern zwingen, jedes Jahr neues Saatgut zu kaufen, anstatt es aus der jeweiligen Ernte herauszuzüchten. Dieses gentechnisch manipulierte Saatgut beruht auf folgendem Prinzip: Gentechnisch veränderte Pflanzen, die von den Saatgutproduzenten gekauft werden, erhalten drei zusätzliche Gene. Eines davon ist ein »schlafendes« Schaltergen, das bei chemischer Behandlung aktiviert wird und seinerseits die beiden anderen Gene aktiviert. Diese aktivierten Gene vergiften nach der Reifung der Pflanze den Samen. Die Pflanze wird also keimunfähig. Um diese Erfindung zu ächten, hat die kanadische Organisation »Rural Advancement Foundation International« – RAFI – den Namen »Terminator-Technologie« geprägt. Bislang konnte die Einführung dieser Technologie, die bereits in den 1990er-Jahren entwickelt wurde, durch die massive Kritik von NGOs verhindert werden (vgl. auch Mittelstaedt 2000, S. 169 – 172).

7. In den USA darf seit dem Frühjahr 2007 Fleisch von geklonten Tieren ohne Kennzeichnungspflicht auf dem Lebensmittelmarkt verkauft werden.

8. Der Tod wurde inzwischen in einigen europäischen Ländern durch Sterbehilfeorganisationen ökonomisiert, weil Menschen im Kontext eines angekündigten Suizids gegen Gebühren darüber beraten werden können, wie der Suizid am besten durchzuführen wäre und welche Hilfestellungen dafür rechtlich möglich sind.

Um heute etwas zu bewahren oder um es dauerhaft zu erhalten, müsste es gekauft und durch einen eigenen Sicherheitsdienst gegen Veränderungen oder Zerstörungen geschützt werden. Aber selbst dies wäre keine dauerhaft sichere Lösung, denn unsere Welt ist ein offenes System. So kann beispielsweise eine Insel zwar gekauft und gegen viele Einflüsse von außen abgesichert werden, sie kann aber nicht gegen globale Klimaänderungen, Luft- oder Umweltverschmutzung verteidigt werden, denn diese kennen keine Grenzen. Noch schwieriger ist es mit Wertvorstellungen, die beispielsweise für eine Bevölkerungsgruppe erhalten bleiben sollen. So wurden Menschen mit hohem Alter lange Zeit besonders hoch geschätzt, bevorzugt behandelt und geschützt. Heute scheint sich diese Wertvorstellung nach und nach aufzulösen, wenn wir beispielsweise die teilweise schlechten bis katastrophalen Lebensbedingungen älterer Menschen in vielen deutschen Altersheimen oder die sich verschlechternden Leistungen im Rentensystem und Gesundheitswesen bedenken.

Auch die hier zuletzt aufgeführten Fakten sind Aspekte der globalen Krise, in der sich immer mehr Wert- und Handlungsmuster auflösen, die von Verantwortung gegenüber den Mitmenschen, allem Lebendigen und der Biosphäre der Erde geprägt sind. Egoistisches Handeln sowie exzessives Gewinnstreben einer Minderheit prägen den Alltag immer mehr.

Aus einer Art Selbstschutz beruhigen sich aber viele Menschen und spielen ihr oft unzulängliches Wissen über die globale Krise und die damit verbundenen Hintergründe herunter. Sie vertreten vielfach die Meinung, dass auch schon früher große

Krisen und Katastrophen gemeistert wurden und dies auch in Zukunft so weitergehen wird. Nicht selten wird behauptet, dass die nachfolgenden Generationen die heute deutlich spürbaren und sich in der Zukunft mit hoher Wahrscheinlichkeit dramatisch zuspitzenden Probleme der globalen Krise durch den wissenschaftlich-technischen Fortschritt »schon (irgendwie) meistern werden«. Wer aber so denkt, der verteidigt damit stillschweigend das bestehende Fortschrittsmuster und die Strukturen des Kapitalismus des 21. Jahrhunderts und handelt letztendlich nach dem Sankt-Florian-Prinzip.[1] Dies wird leider von nicht wenigen der maßgebenden Persönlichkeiten in Politik, Wirtschaft und Wissenschaft regelrecht vorgelebt. Damit wird jedoch eine Fortschrittsphilosophie ignoriert, die ganzheitlich orientiert sein könnte und den Humanismus fördern würde. Zudem verhindert diese Denkweise, dass die besten Lösungen für die drängenden Fragen und komplexen Probleme unserer Zeit gefunden werden können.

Angesichts dieser Fakten handeln wir vielfach wider besseres Wissen und dürfen uns deshalb nicht wundern, dass uns die Welt heute schlechter als gestern erscheint. Weil dies so ist, beschleicht viele Menschen ein großes Unbehagen.

Die Weisheit aus dem alten Kaschmir: »Wir haben die Erde nicht geerbt, wir schulden sie unseren Kindern« bzw. eine entsprechende Lebensweise und gesellschaftliche Ethik, die nachfolgende Generationen in die gegenwärtigen Wert- und Handlungsmuster einzubeziehen versucht, wird heute nur noch am Rande befolgt. Das bedeutet für die meisten Menschen faktisch, dass präventives Handeln bzw. die Vorsorge für spätere Generationen als nicht notwendig erscheinen. Dabei wird »gerne« übersehen oder völlig unterbewertet, dass unsere Epoche von einer völlig neuen Art von Krisen und Katastrophen heimgesucht

---

[1] Eine Denkweise, die Unangenehmes von sich wegschiebt, auch wenn andere dadurch geschädigt werden.

wird, für die keine Analogien zu früheren Epochen auch nur ansatzweise zulässig sind. Jede für sich alleine ist nicht berechenbar und könnte binnen kurzer Zeit Ausmaße annehmen, die menschliche Zivilisation dramatisch zu beeinträchtigen oder sogar zu zerstören. Ronald Wright zieht in seinem interessanten Buch »Eine kurze Geschichte des Fortschritts« ein analoges Fazit und schreibt: »[...] Ein um das Zwanzigfache gewachsener Welthandel seit den 1970er-Jahren bedeutet, dass es kaum noch irgendwo so etwas wie Autarkie gibt. Jedes Eldorado ist geplündert worden. [...] Joseph Tainter weist auf diese gegenseitige Abhängigkeit hin und warnt, dass der ›Zusammenbruch‹, wenn und falls es erneut dazu kommt, diesmal global sein wird [...] die Weltzivilisation wird als Ganzes zerfallen.

Experten ganz verschiedener Fachrichtungen sehen inzwischen ein sich schließendes Zeitfenster und warnen, diese Jahre könnten die letzten sein, in denen die Zivilisation noch genügend finanzielle Mittel und politischen Zusammenhalt besitzt, um Kurs auf umsichtiges Handeln, Bewahrung der Natur und soziale Gerechtigkeit zu nehmen. Vor zwölf Jahren [im Jahre 1992], kurz vor dem Umweltgipfel in Rio, der zum Klimaschutzabkommen von Kyoto führte, warnte mehr als die Hälfte aller Nobelpreisträger weltweit, uns bleibe unter Umständen nur noch etwa eine Dekade, um unser System nachhaltig zu machen. Nun sagt das Pentagon in einem Bericht, den die Bush-Administration ohne Erfolg zu unterdrücken suchte, weltweite Hungersnöte, Anarchie und Krieg ›innerhalb einer Generation‹ voraus, falls der Klimawandel die pessimistischeren Prognosen erfüllt« (2006, S. 133).

Im Kontext der Überlebenschancen der Menschheit und zur Erzielung von wirklichen Fortschritten wird von vielen Menschen mehr oder weniger unterschlagen und sicherlich auch psychisch verdrängt, dass es nicht allein um die Bewohnbarkeit des Planeten Erde in der Zukunft geht, sondern um die Abwendung von Krisen und Katastrophen *heute* und in *ganz naher Zu-*

kunft. Fortschritt muss immer vorrangig bedeuten, *unnötiges* menschliches Leiden, das aufgrund menschlicher Unzulänglichkeiten, struktureller Ungerechtigkeiten, Intoleranz, Unterdrückung von Minderheiten und jedweder Gewalt entsteht, bestmöglich zu reduzieren.

Unser Lebensstil, der einhergeht mit einer hektischen Beschleunigung von primär wirtschaftlichen Aktivitäten bzw. der Ökonomisierung nahezu aller relevanten gesellschaftlichen Bereiche, trägt schon lange nicht mehr zur Steigerung der allgemeinen Lebensqualität bei, sondern bewirkt seit vielen Jahren das Gegenteil. Dieses Wissen ist vorhanden, aber trotzdem wird und kann der Lebensstil in der Massenkultur nicht geändert werden, weil ihr dazu regelrecht die Alternativen fehlen. Sie fehlen unter anderem, weil es in unserer globalisierten und übervölkerten Welt nur noch Zufluchtsorte für reiche Menschen gibt, die sie sich leisten können. Der »ganz normale Bürger« ist zu sehr abhängig von den gesellschaftlichen Institutionen und fremdbestimmten Arbeitsverhältnissen. Nur noch eine Minderheit ist in der Lage, sich autark zu versorgen. Unser Wirtschaftssystem und das darauf basierende Fortschrittsmuster wollen und können den Menschen keine Alternativen für ein Leben außerhalb dieses Systems anbieten. Im Gegenteil, denn seine Überlebensfähigkeit basiert auf einem möglichst dichten Netz von Abhängigkeiten. Deshalb ist es auch nicht bereit, alternative und ökologische Lebensformen zu fördern.

Die »Träume« vieler Menschen vom Ausstieg aus der Massenkultur müssen Träume bleiben. Ein Ausstieg müsste nämlich auch einen Einstieg zur Folge haben. Aber wo sollen Menschen einsteigen, die aussteigen wollen? Letztlich sind die Aussteiger von heute im Prinzip nur noch konsequente Konsumverweigerer oder Menschen, die aus vielfältigen Gründen am Rande der Gesellschaft leben müssen.

Selbstverständlich gab und gibt es schon immer jenseits der Massenkultur eine verschwindende Minderheit von Menschen, die sich durch die Kraft der Spiritualität oder anderen Einflüssen den gesellschaftlichen Zwängen entzogen haben bzw. völlig andere Wege gingen und gehen wie die breite Masse. Zu nennen sind beispielsweise Nonnen und Mönche; Menschen, die oftmals unter schwierigsten Bedingungen, manchmal auch durch günstige Umstände, alternative Lebensformen aufbauen, gestalten und in ihnen leben; die beruflich in den NGOs für eine zukunftsfähige und friedliche Welt arbeiten und dafür eine finanziell lukrativere Position in Wirtschaft und Wissenschaft nicht antreten oder diejenigen, die unmittelbar, kompromisslos und unter Zurücknahme eigener Interessen Menschen in Not helfen. Diese Menschen sind das Salz in der Suppe jeder Gesellschaft. Sie machen sie menschlicher und sind in gewisser Weise dafür verantwortlich, dass trotz aller Probleme auch Fortschritte zu verzeichnen sind.

In der Massenkultur hat auch aufgrund der fehlenden gesellschaftlichen Alternativen der Glaube an die Fortentwicklung gelitten. Hat sich vielleicht deshalb die weitverbreitete »Nach-mir-die-Sintflut-Mentalität« entwickeln können, in der die Meinung vorherrscht, der Einzelne könne sowieso am Zustand dieser Welt nichts ändern?

Die Suche nach Sinn

Menschen haben von jeher das Problem, ihr Leben mit Sinn zu füllen. Sie fragen nach dem Sinn des Lebens und bekommen keine konsistenten Antworten darauf. Solche wie, dass der Sinn des Lebens im Leben selbst enthalten ist, gelten gemeinhin als unzureichend. Ludwig Wittgenstein merkte dazu in seinem berühmten Tractatus Logico-Philosophicus an: »Die Lösung des Problems des Lebens merkt man am Verschwinden dieses Problems. (Ist nicht dies der Grund, warum Menschen, denen der Sinn des Lebens nach langen Zweifeln klar wurde, warum diese dann nicht sagen konnten, worin dieser Sinn bestand.)« (1996, S. 186).

Auch in unserer Epoche der späten Moderne können Menschen ihren Sinn immer weniger aus den lokalen und globalen Entwicklungen, aus gesellschaftlichen Kontexten und vielfach auch nicht aus ihren Jobs und Berufen generieren. Zudem wurde die Religiosität der Menschen immer mehr zurückgedrängt – besonders im 20. Jahrhundert, das im Zeichen großer wissenschaftlich-technischer Innovationen stand. Schon in den 1920er-Jahren stellte Sigmund Freud nüchtern fest, dass die Moderne mit ihrer Verwissenschaftlichung der Welt das Religiöse in den westlichen Gesellschaften und damit den Glauben der Menschen an »höhere Ordnungen« verdrängte (1994). Seitdem wurde Religiosität in der Massenkultur auch nicht durch Spiritualität kompensiert, die nicht oder nicht mehr durch Religionen vermittelt wird. Der in Fachkreisen als »Einstein der Bewusstseinsforschung« titulierte Ken Wilber bezeichnet die spirituellen Defizite im Okzident als »Flachland«. Er belegt in einer tief gehenden Analyse, dass sich die Menschen im Okzident im Laufe der letzten Jahrhunderte, ganz besonders seit dem Beginn der Moderne, spirituell entleert haben (1999). »Flachland« bedeutet für Wilber im Wesentlichen, dass im Okzident die meisten Menschen spirituell »flach«, also rein materialistisch orientiert sind. Ken Wilber schreibt dazu: »[...] Gegen Ende des 18. Jahrhunderts jedoch begann die rasche, wahrhaft außergewöhnliche Entwicklung der Naturwissenschaften das Gleichgewicht des ganzen Systems zu stören. [...] Aus der Wissenschaft wurde, wie man zu nennen pflegt, ein Szientismus, womit zum Ausdruck gebracht werden soll, daß sie sich nicht darauf beschränkte, nach ihrer eigenen Wahrheit zu streben, sondern aggressiv bestritt, daß es überhaupt andere Wahrheiten geben könne« (ebd., S. 336).

An dieser Feststellung ändert sich im Prinzip nichts, auch wenn in den letzten Jahren durch die öffentlichen Auftritte von

Papst Benedikt XVI., speziell in Deutschland, kurzzeitig wieder Eintritte in die katholische Kirche zu verzeichnen sind bzw. die Austrittswelle vorübergehend gestoppt werden konnte. Zudem bedeutet Religiosität nicht unbedingt Spiritualität und Spiritualität nicht zwingend Religiosität. Religiosität kann zwar vielen Menschen den Zugang zur Spiritualität eröffnen, aber es gibt auch viele andere Zugänge zu ihr. Echte Spiritualität ist die Vergeistigung des Menschen unter vielfältigen Umständen und Wissenszugängen. Sie impliziert die freiwillige Zurücknahme des Materiellen und die Anreicherung des Geistigen. Nicht zuletzt deshalb ist Materialität ihr Gegensatz. Spiritualität, egal, in welcher Form sie im Menschen entsteht, sind Bewusstseinszustände, die letztlich für ethisches Werten, für die Beschäftigung mit dem nicht Erklärbaren, aber besonders für die Akzeptanz des nicht Erklärbaren stehen. Sie steht auch für Selbst-Vergessenheit, Neigung zur Mystik und besonders für die Identifikation des Menschen mit einem größeren Ganzen. Darüber hinaus ist sie eine Sinnquelle, die ganz sicher viel weiter reicht als das Prinzip Hoffnung (Ernst Bloch), weil, wie immer gesagt wird, die Hoffnung zwar zuletzt stirbt, aber der Sinn weit über das Ende der Hoffnung und ewig über dem Tod steht.

Sicherlich ist auch die Einschätzung richtig, die etwa die Zeitschrift Publik-Forum, eine Zeitung für kritische Christen, im Jahre 2006 gemacht hat. Sie sieht einen tief greifenden Bewusstseinswandel vieler Menschen. Eine leise, persönliche Suche nach einer aus dem Inneren neu erwachsenen Religiosität sei im Entstehen. Dabei sei diese Suche weltoffen und grenzenlos. Publik-Forum sieht in Mystik und Spiritualität religiöse Kraftquellen für Leib und Seele und betont, dass dieser Bewusstseinswandel kaum mit kirchlichen Glaubenssätzen begegnet werden kann. Dabei wird festgestellt, dass die Kirchen schrumpfen, aber die Religiosität wächst (Publik-Forum, Oktober 2006).

Auf der anderen Seite wird Spiritualität, wie könnte es auch anders sein, vermarktet. Menschen, die sich spirituell orientieren wollen, wurden schon vor Jahrzehnten durch Sekten, fragwürdige Esoterik und New Age als Konsumenten entdeckt und durch Bücher, Zeitschriften, Reisen u. v. a. »marktgerecht« bedient. Selbst die katholische Kirche macht vor dieser Vermarktung nicht halt. So wurden beispielsweise die Auftritte von Papst Benedikt XVI. zu Mega-Events hochstilisiert und auf vielfältige Weise vermarktet.

Insbesondere die Menschen in den westlichen Industriegesellschaften, in der zu viele über Massenmedien, moderne Kommunikationstechnologien, Einkaufszentren, denaturierte touristische Metropolen und Institutionen der Freizeitindustrie mehr oder weniger bewusst hedonistisch leben, sind dabei, die offensichtlichen Fehlentwicklungen in der Gesellschaft durch eine obskure Oberflächlichkeit und Unverbindlichkeit zu ignorieren. Das ist auch ein deutlicher Hinweis darauf, dass das Mitmenschliche, Religiöse und Spirituelle einen nicht so hohen gesellschaftlichen Stellenwert einnimmt wie das Materielle. Dabei ist die Tendenz zur egoistischen Gesellschaft, die das Materielle in den Vordergrund stellt, nicht mehr zu leugnen. In vielen Ländern des Nordens wurden Kontexte, die Menschen aneinander binden, zunehmend aufgelöst, was nicht allein durch die Krise der Familie, der Vereinzelung der Menschen und den immer unsichereren Arbeitsplätzen im Kapitalismus des 21. Jahrhunderts festzustellen ist. Mehr Unverbindlichkeit zwischen den Menschen als je zuvor hat sich in den Gesellschaften etabliert. Zygmunt Bauman bezeichnet diesen Zustand, der noch dabei ist, sich voll zu entwickeln, als »flüchtige Moderne« (2003). In der Welt der »flüchtigen Moderne« gibt es kein Machtzentrum mehr, weil sich die Machtstrukturen zunehmend globalisiert haben und sie ihre Zentren aufgrund der neuen Mobilitätsmöglichkeiten rasch wechseln können. Das Individuum ist nach Bauman zwar in die Freiheit entlassen worden, aber um den hohen Preis der Aufgabe von Sicherheiten. Ebenso konstatiert er den Zerfall von Gemeinschaften. Weil die neue Freiheit des Individuums beliebig ist, wird auch der soziale Zusammenhalt überall »flüchtig«. Nun müssen Menschen ihr soziales Gewebe in Heimarbeit herstellen, was auch zur Vereinzelung und Vereinsamung des modernen Menschen beiträgt. In der »flüchtigen Moderne« sind die Einflussmöglichkeiten des Individuums, diesen Zustand für sich selbst oder für die Gemeinschaft zu ändern, gering, weil die Strukturen, auf die Einfluss genommen werden könnte, zu flüchtig sind. Sie sind es, weil wir die Verantwortlichen für die Fehlentwicklungen und Verbrechen immer schwerer ausfindig machen können. Wenn dies aber dennoch gelingt, so wird immer nur die »Spitze des Eisbergs« aufgedeckt und die meisten Verantwortlichen können sich ihrer Verantwortung entziehen. Hannah Arendt schrieb dazu im Kontext von Herrschaftsformen in den späten 1960er-Jahren: »[...] Wir müssten heute diesen Grundformen noch die jüngste und vielleicht furchtbarste Herrschaftsform hinzufügen, die Bürokratie oder die Herrschaft, welche durch ein kompliziertes System von Ämtern ausgeübt wird, bei der man keinen Menschen mehr, weder den Einen noch die Wenigen, weder die Besten noch die Vielen, verantwortlich machen kann und die man daher am besten als Niemandsherrschaft bezeichnet. (Im Sinne der Tradition, welche die Tyrannis als die Herrschaft definierte, der man keine Rechenschaft abfordern kann, ist die Niemandsherrschaft die tyrannischste Staatsform, da es hier tatsächlich niemanden mehr gibt, den man zur Verantwortung ziehen könnte. Ein Hineintreiben in solche Niemandsherrschaft kennzeichnet heute nahezu überall die politische Situation. [...] Die Unmöglichkeit, die verantwortlichen Stellen auch nur zu ermitteln und den Gegner zu identifizieren, führt theoretisch zu jenen Verallgemeinerungen, in denen alles Partikulare verschwindet und die dann nichts mehr besagen, und in der Praxis zu einem Amoklaufen, das alles und vor allem die eigene Organisation vernichtet.) « (2005, S. 63 – 64).

Der moderne Mensch ist mehr denn je auf sich selbst gestellt, der Staat schützt ihn immer weniger. Ihm fehlen gesellschaftliche Kontexte und Visionen, die sinnstiftend sein können. Wurde früher der Lebenssinn auch über gemeinschaftliche Kontexte generiert, so muss heute nüchtern festgestellt werden, dass er in gewisser Weise »privatisiert« wurde.

Heute stellt sich, vor den hier skizzierten gesellschaftlichen Hintergründen, vielen Menschen zu wenig die Frage nach dem tieferen Sinn des Lebens. Der Glaube an eine sinnvolle Existenz hat sich unter der überwiegend blinden Ökonomisierung unserer Zivilisation für zu viele Menschen aufgelöst oder konnte sich nicht richtig entwickeln. Damit schwindet zwangsläufig auch der Glaube an die fundamentalen Werte unserer Kultur, wie Gerechtigkeit, Vernunft, Liebe, Nächstenliebe oder Mitleid, denn diese Werte haben eine ganz tiefe spirituelle Dimension. Es bleibt zu hoffen, dass sich auf breiter gesellschaftlicher Basis dieser Trend ändert, weil diese Werte letztlich nur dann gedeihen können, wenn viele Menschen dafür eintreten bzw. sie mit Leben erfüllen.

Die hier zuletzt angeschnittenen Thesen sind auch auf die einseitige Fixierung des dominierenden Fortschrittsmusters zurückzuführen, weil es primär die materiellen Werte fördert und nicht die Herzen und Seelen der Menschen erfasst. Das ist eindeutig ein Versagen der Moderne und der unabgeschlossenen Fortschrittsideen der Aufklärung und des Humanismus.

Ist die Welt heute besser, als sie es gestern war?

Nachdem ich nun die wichtigsten und aktuellsten Aspekte der heutigen Weltlage im Kontext des dominierenden Fortschrittsmusters beschrieben und kritisch angemerkt habe, möchte ich nun meine ganz persönliche Antwort auf die Frage »Ist die Welt heute besser, als sie es gestern war?« in aller Kürze geben, wohl wissend, dass auch sie nur eine grobe Einschätzung sein kann und deshalb nicht den Anspruch auf Richtigkeit erhebt.

Wenn die Frage auf *vergangene Epochen* abzielen würde, dann gibt es triftige Gründe dafür zu behaupten, dass die Welt heute besser als früher ist. Warum? Weil, global gesehen, der zivilisatorische Fortschritt seine Spuren hinterlassen hat. Immer mehr Menschen lehnen Gewalt und nicht zivilisiertes Verhalten ab. Zudem wurde die Welt transparenter. Keine Geheimhaltung hat heutzutage lange Bestand, kaum ein Verbrechen bleibt unbemerkt. Eine historisch beispiellose Vielfalt und Quantität an Medien berichten über Aggressionen und Unrecht aus den fernsten Winkeln der Welt. Tun sie es in manchen Fällen nicht, dann sorgen früher oder später die Aktivisten aus den vielen NGOs oder engagierte Menschen dafür. Über die Medien und durch das Internet können sich, bei allen berechtigten Einschränkungen, die es gibt, immer mehr Menschen bemerkbar machen und über Missstände berichten und aufklärend wirken. Die Welt hat »mehr Aufpasser« als jemals zuvor. Diese sind nicht mehr bereit, Diktatoren zu dulden, Unrecht und Missstände hinzunehmen. Zudem hat sich nach dem Zweiten Weltkrieg in vielen Ländern der Welt die Idee der Demokratie durchsetzen können. Aus vielen Diktaturen wurden Demokratien, die zwar gegenüber denen Westeuropas eklatante Mängel aufweisen, die jedoch unbestreitbar ein deutlicher Fortschritt sind. Auch haben die Menschenrechte, die in der Allgemeinen Erklärung der Menschenrechte am 10.12.1948 von der Generalversammlung der Vereinten Nationen verkündet wurden, weltweit eine größere Bedeutung erlangt. In Artikel 1 »Freiheit, Gleichheit, Brüderlichkeit« stehen zwei Sätze, auf die sich heute mehr Menschen berufen können als zu den Zeiten, in denen die Menschenrechte noch nicht so populär waren bzw. bevor sie durch die Vereinten Nationen einen hohen internationalen Stellenwert bekommen haben: »Alle Menschen sind frei und gleich an Würde und Rechten geboren. Sie sind mit Vernunft und Gewissen begabt und sollen einander im Geiste der Brüderlichkeit begegnen« (Allgemeine Erklärung der Menschenrechte). Auf die Allgemeine Erklärung der Menschenrechte beruhen viele Verfassungen und sie werden nahezu überall auf der Welt eingefordert. Ungeachtet dessen gibt es trotzdem noch ungeheure Missstände, enorme zivilisatorische Defizite, unerträgliche Gräueltaten, die trotz allem nicht verhindert werden konnten und in Zukunft wahrscheinlich nicht immer verhinderbar sein werden. Des Weiteren breiten sich das Wissen und das schlechte Gewissen aus, dass die Welt ökologisch stark gefährdet ist und viele Menschen daran ihren Anteil haben. Mit diesem Wissen sind aber auch die Potenziale gewachsen, die ich als hoffnungsvolle Zukunftsbilder bezeichne (Mittelstaedt 2004). Damit sind die Möglichkeiten gemeint, die schon vorhanden sind, um die Welt besser zu machen. Sie führen aber noch weitestgehend ein Nischendasein – auch weil sie durch das bestehende Fortschrittsmuster und den Kapitalismus des 21. Jahrhunderts stark eingeschränkt werden.

Die Schubladen vieler engagierter Menschen sind prall gefüllt mit Ideen und realisierbaren Projekten, um die Welt besser zu machen. Warum öffnen wir sie nicht? Wann beginnen wir endlich, die großen Herausforderungen unserer Zeit so anzugehen, dass die daraus resultierenden Initiativen und Aktivitäten zu Veränderungen führen, die realen Fortschritt für die menschliche Zivilisation erzeugen?

Wenn aber die Frage *exakt* auf den gestrigen Tag abzielen würde (so wie sie eigentlich auch gemeint war, aber vielfach trotzdem nicht exakt beantwortet wurde), dann gibt es für mich nur eine kurze Antwort und die heißt Nein. Warum? Weil mit jedem Tag, an dem nichts Gravierendes gegen die akuten Gefährdungen der Biosphäre der Erde unternommen wird, die Möglichkeiten der Menschen eine Zukunft mit angemessener Lebensqualität zu führen, dahinschwinden. Darüber hinaus gibt es täglich mehr Verlierer als Gewinner auf der Welt, wie von mir dargelegt wurde – ein unter keinen Umständen hinnehmbarer Zustand. In der im Jahre 2006 vorgelegten Zukunftsstudie »Grenzen des Wachstums. Das 30-Jahre-Update« bestätigen die Autoren die von mir gegebene Antwort (Meadows 2006). Sie zeigen mit einer Vielzahl von Argumenten, die auf seriösen Daten und Fakten beruhen, auf, dass wir den großen Kurswechsel dringend brauchen. Sie sagen, dass wir diesen Weg gehen können, aber wir müssen es auch wollen. Ähnliches habe ich vor wenigen Jahren in meinem Buch »Kurskorrektur. Bausteine für die Zukunft« eindringlich gefordert (2004).

Um die Welt besser zu machen, um weniger Verlierer zu erzeugen und um die durch uns Menschen verursachten ökologischen Schäden zu reduzieren, müssen wir die dafür erforderlichen menschlichen Potenziale abrufen. Sie sind vorhanden, aber werden nicht genug gefordert und gefördert. Dafür muss dringend das dominierende Fortschrittsmuster in den führenden westlichen Industriegesellschaften verändert und erweitert werden. Es ist prägend für die meisten anderen Länder und Kulturen. Zudem muss das *Prinzip Fortschritt* für die veränderte Welt des 21. Jahrhunderts entdeckt werden, welches ein völlig neues Verständnis des Menschen zu sich selbst und die Welt, in der er lebt, enthalten muss.

FRAGEN ZUR ZUKUNFT DES FORTSCHRITTS

Viel mehr Menschen, ob in führenden gesellschaftlichen Positionen oder »ganz normale Bürger«, sollten sich über folgende Fragen, die für die Lebensbedingungen in näherer und fernerer Zukunft dringend beantwortet werden müssen, mehr Gedanken machen: Werden die bestehenden Strukturen der Globalisierung den Trend verstärken, dass die gesellschaftlichen Beziehungsmuster und Bindungskräfte weiterhin erodieren? Leben wir in einer individualisierten oder doch in einer primär konformistischen Gesellschaft, die den Individualismus zwar als neue Möglichkeit der Freiheit und des Fortschritts für die Menschen suggeriert, der jedoch eigentlich nicht existiert? Haben nicht die Länder des Südens auch ein Recht auf Entwicklung nach dem Vorbild des Nordens? Welche Rolle spielen Wissenschaft und Technik für den Fortschritt? Nimmt die Gefahr von Handelskriegen und Kriegen um Ressourcen zu? Was kommt nach der Globalisierung? Wo gibt es Fortschritte, wo Rückschritte vor dem Hintergrund dominierender Wert- und Handlungsmuster, die den Fortschritt primär aus materiellen Orientierungen, großen Ökonomisierungszwängen und wissenschaftlich-technischen Innovationen ableiten?

Wurde der Kampf der Menschen für das *Prinzip Fortschritt* aufgegeben? Ist er nur noch ein Mythos? Wenn ja, dann deshalb, weil es keine gesellschaftlichen Utopien mehr gibt, für die sich die Menschen engagieren?

Die Menschen in den Industriegesellschaften des Nordens, die für nahezu alle anderen Länder und Regionen der Welt – nicht zuletzt aufgrund der Massenmedien sowie der Globalisierung – prägend wirken, müssen sich die Frage gefallen lassen, wie sie angesichts der erdrückenden Probleme *Fortschritt* definieren. Genau genommen müssen zwei Fragen für zwei Fortschrittsdefinitionen gestellt werden.

Die erste Frage betrifft die Fortschrittsdefinition für den materiellen Bereich:

Wie kann Fortschritt, in Form der prinzipiell unausweichlich notwendigen Ausrichtung der Lebensstile der Menschen auf das Ziel zukunftsfähiger Gesellschaften (nachhaltige Entwicklung) bei erheblicher Verbesserung der Lebensbedingungen eines großen Teils der Weltbevölkerung in den armen Ländern des Südens und Ostens erzielt werden, der die materielle und biologische Begrenztheit unserer Erde anerkennt und dementsprechend alle wirtschaftlichen und individuellen Aktivitäten diesem Ziel unterordnet? Die Frage vereinfacht formuliert: Wie können alle Menschen ein materiell angemessenes Leben führen, ohne die Biosphäre der Erde zu zerstören?

Die zweite Frage betrifft die Fortschrittsdefinition für die geistig-kulturellen Ebenen:

Wie kann Fortschritt zum Erhalt und zur Anreicherung der kulturellen Vielfalt erzielt werden und wie können die Ziele der Aufklärung und die des Humanismus weiterentwickelt werden?

Im Gegensatz zur materiellen und biologischen Begrenztheit unserer Erde unterliegen der kulturellen Vielfalt der Menschheit keine Grenzen, aber sie wird durch mannigfaltige Eingriffe des Menschen gefährdet und auch zerstört.

Für die Antworten dieser zwei Fragenkomplexe ist jeder Mensch verantwortlich. Seine Verantwortung steigt mit seinen Kenntnissen und seinem Einfluss auf die gesellschaftlichen Strukturen.

Kann die Beantwortung all dieser Fragen nicht auch zum Teil zur Lösung der Frage nach dem Lebenssinn beitragen? Liegt nicht auch ein Teil unseres Lebenssinns darin, individuell ein wenig zu einer besseren Welt beizutragen?

ZWEITER TEIL

EIN NEUES VERSTÄNDNIS FÜR DIE HERAUSFORDERUNGEN UNSERER ZEIT

DAS PRINZIP FORTSCHRITT

>»Ich kann freilich nicht sagen, ob es besser
>werden wird, wenn es anders wird; aber so viel
>kann ich sagen: Es muss anders werden, wenn es
>gut werden soll.«
>Georg Christoph Lichtenberg

>»Fortschritt heißt: aus dem Bann heraustreten,
>auch aus dem des Fortschritts.«
>Theodor W. Adorno

Für ein neues Fortschrittsverständnis!

Heinrich Heine schrieb: »Ich glaube an den Fortschritt. Ich glaube, die Menschheit ist zur Glückseligkeit bestimmt.« (vgl. auch Heinrich Heine 1968, S. 516 – 520). Es darf bezweifelt werden, ob er diesen Optimismus hätte, würde er heute leben. Aber Heinrich Heine hat auf seine Weise das Ziel beschrieben, das wir mit dem Begriff Fortschritt verbinden: die Schaffung einer Welt mit besseren Lebensbedingungen für möglichst viele Menschen und mit wenigen oder gar keinen Sorgen um die Zukunft. Er war ein Kind seiner Zeit und von der Aufklärung und dem Fortschrittsgedanken fasziniert. In seinem Rückblick auf das Zeitalter der Aufklärung unterstrich der Philosoph Neil Postman diesen Optimismus: »Das achtzehnte Jahrhundert hat ihn [den Fortschrittsgedanken] erfunden, ihn weiterentwickelt und sich zu seinem Fürsprecher gemacht und damit gewaltige Ressourcen an Vitalität, Vertrauen und Hoffnung freigelegt« (1999, S. 45 – 46).

Seit dem Beginn der Aufklärung hat in der säkularisierten Welt des Westens kaum ein anderer Begriff als der des Fortschritts, mehr Hoffnungen auf eine bessere Zukunft, zugleich aber auch mehr Befürchtungen und Enttäuschungen hervorgerufen. Interessanterweise gibt es über diesen Begriff weder eine konsistente Theorie, noch einen gesellschaftlichen Konsens.[1]

Wie ich im ersten Teil ausgeführt habe, erzeugt das dominierende Fortschrittsmuster seit einigen Jahrzehnten sicherlich auch Vorteile und Fortschritte in der Zivilisation, die aber immer weniger Menschen zugutekommen. Zugleich erzeugt es eklatante Rückschritte und erhebliche Gefährdungen für die Gesamtheit der menschlichen Zivilisation und für die Biosphäre der Erde. Deshalb gibt es mehr Verlierer als Gewinner durch das dominierende Fortschrittsmuster. Realer Fortschritt als zivilisatorisches Gesamtergebnis wird schon lange nicht mehr erzielt. Dies gilt auf den meisten lokalen Ebenen und zieht sich hoch bis auf die globale Ebene.

---

[1] »Fortschritt, die Aufeinanderfolge von Formen oder Zuständen in dem Sinn, dass die zeitlich späteren zugleich die wertmäßig höheren sind. Die Grundlage des Fortschritts wird einerseits in einer philosophisch (kosmologisch, metaphysisch, religiös) begründeten Gesetzmäßigkeit der Wirklichkeit, in mehr weltanschaulicher Sicht auch oft in einer den Dingen selbst zugeschriebenen Tendenz gesehen (Fortschrittsglaube). Andererseits wird der Fortschritt v. a. als durch menschliche Aktivität bewirkt verstanden, was ihn vom Gedanken der Entwicklung unterscheidet. Letzterer wirkt in der Anschauung, dass schon die früheren Formen immanent die späteren enthalten (z. B. in der Geschichtsphilosophie des deutschen Idealismus, besonders G. W. F. Hegels). Die marxsche Geschichtsanschauung dagegen sucht in ihrem Fortschrittsbegriff objektive Gesetzmäßigkeit der Gesellschaftsentwicklung mit der für den Fortschritt bewirkenden menschlichen Aktivität zu verbinden. – In der europäischen Neuzeit wurde die Idee des Fortschritts zu einer vorherrschenden Leitidee der Geschichtsanschauung. Die Aufklärung setzte an die Stelle der christlichen Geschichtstheologie die Lehre, dass die dem Menschen angeborene Vernunft die anfangs überlegenen Gegenkräfte der Barbarei, des Aberglaubens und der Gewalt schrittweise überwinden und schließlich zur vernunftgemäßen Gestaltung aller Verhältnisse führen werde. Die Denker des beginnenden industriellen Zeitalters (C. H. de Saint-Simon, A. Comte, H. Spencer u. a.) gaben der Idee des Fortschritts einen neuen Inhalt: Statt Aufklärung der Menschen und Veredelung der Sitten wurde nun der wissenschaftlich-technische Fortschritt und die durch ihn ermöglichte Naturbeherrschung zum zentralen Thema: Die fortschreitende Humanisierung der Gesellschaft wurde als mit dem Fortschritt zwangsläufig verbunden gedacht. Das gegenwärtige Geschichtsbewusstsein weist hingegen auch auf die Gefährdung der Umwelt durch den technischen Fortschritt hin« (Quelle: Meyers Lexikon online im Internet: www.lexikon.meyers.de).

Die vielen wissenschaftlich-technischen Fortschritte, die uns das Leben erleichtern, wie zum Beispiel eine höhere Lebenserwartung, die deutliche Senkung der Kindersterblichkeit, Verbesserung des Schutzes vor Infektionskrankheiten, globale Kommunikation und Mobilität zu niedrigen Preisen und unzählig vieles andere möchte niemand, der sie nutzen kann, vermissen. Ebenso die ungezählten kleinen und großen gesellschaftlichen Fortschritte, wie etwa die Demokratisierungserfolge in vielen Ländern, die zahlreichen Emanzipationserfolge, der verbesserte Zugang zu Bildung und so weiter.

Andererseits zeigen viele gesellschaftliche und technische Fortschritte immer deutlicher ihre Schattenseiten, denn die zivilisatorischen Defizite kann heute niemand mehr ernsthaft leugnen. Daran haben auch die Wissenschaften, insbesondere die Naturwissenschaften, erhebliche Mitverantwortung. Die modernen Wissenschaften und ihre Dienerin, die Technik, bilden die wichtigsten Komponenten bzw. sind die Triebkräfte für das dominierende Fortschrittsmuster. Seit vielen Jahrzehnten realisieren sie im Zusammenspiel mit der Wirtschaft alles, was machbar ist und sich nur irgendwie ökonomisieren lässt. Dies unternehmen sie zu großen Teilen ungeachtet dessen, wie sich bestimmte Entwicklungen auf einzelne Menschen, Gesellschaften und die Biosphäre auswirken. Die friedliche Nutzung der Atomenergie mit ihren vielfältigen ökologischen und gesellschaftlichen Folgen und der bislang ungelösten Frage der Endlagerung radioaktiver Abfälle sind dafür bekannte Beispiele. Ein weiteres und relativ aktuelles Beispiel wäre das Verhalten der Protagonisten in den Biowissenschaften, die sich viel zu wenig um die Folgen genmanipulierter Saatgute kümmern und primär die ökonomischen Gewinne im Blickfeld haben. Unstrittig ist, dass ein großer Teil der bestehenden ökologischen und gesellschaftlichen Probleme und Krisen aus wissenschaftlich-technischen Anwendungen resultiert. Würde jemand nur ein Bruchteil davon dokumentieren und dies in Büchern veröffentlichen, so wären ganze

Bibliotheksräume davon gefüllt. Folgerichtig bezeichnete Hans Jonas die moderne Technik »als den endgültig entfesselten Prometheus, dem die Wissenschaft nie gekannte Kräfte und die Wirtschaft den rastlosen Antrieb gibt« (1979, S. 7). Er forderte dementsprechend eine Ethik für die wissenschaftlich-technisch dominierte Zivilisation (ebd.).

Was heute im dominierenden Fortschrittsmuster als Fortschritt angesehen wird, basiert zu einem großen Teil auf der ungezügelten Ausreizung bereits überschrittener materieller und ökologischer Grenzen durch wissenschaftlich-technische Innovationen unter Zuhilfenahme der neoliberal-kapitalistischen Ökonomie und ihrer Expansion im Kontext der Globalisierung. Zugleich wird Fortschritt in der Massenkultur gleichgesetzt mit der Steigerung der Möglichkeiten des Individuums, die vielfältigen Angebote und Handlungsmöglichkeiten der modernen Gesellschaft zu nutzen. Dabei wird individueller Fortschritt stark von ökonomischen Wachstumszwängen beeinflusst. Die gelebten Realitäten in den Ländern des Nordens bestätigen diese These, denn der Energie-, Land- und Ressourcenverbrauch steigt trotz größerer Effizienz bei der Herstellung von Produkten sowie bei der Energieerzeugung und -nutzung. Paradox dabei ist, dass diese Einstellungen und gelebten Realitäten den Leitbildern der nachhaltigen Entwicklung diametral widersprechen, obwohl sie breite Zustimmung in der Bevölkerung finden. Große Teile der Bevölkerung legen großen Wert auf guten Umweltschutz, möglichst sparsamen Umgang mit den begrenzten Rohstoffen, mehr Gerechtigkeit zwischen den Generationen, Vorsorge für die kommenden Generationen und Hilfe für die armen Länder des Südens. Viele Menschen leben somit im Widerspruch.

Aus all diesen Gründen kann kein Zweifel daran bestehen, dass uns ein tiefer gehendes Verständnis und eine Ethik für den Fortschritt fehlen, die den großen Herausforderungen unserer Epoche gerecht würde. Dieses Manko hat bereits fatale Folgen, weil die Herausforderungen an die Lebens- und Überlebensfähigkeit der menschlichen Zivilisation spätestens zu Beginn des 21. Jahrhunderts die größten Herausforderungen sind, seitdem Menschen begannen, ihre Geschichte aufzuschreiben.

Die Frage stellt sich, wie wir Fortschritt so gestalten können, dass die Qualität der Lebens- und Überlebensbedingungen für die menschliche Zivilisation dauerhaft verbessert und für einen langen Zukunftszeitraum sichergestellt werden kann. Zivilisatorischer Fortschritt sollte sich außerdem verstärkt darauf ausrichten, kulturelle und geistige Werte zu schaffen, die auf Dauer Bestand haben, denn das meiste, was gegenwärtig im Namen des Fortschritts geschaffen wird, ist nicht von Dauer, sondern auf Verschleiß, Kurzlebigkeit und Profit ausgelegt. Nicht einmal die moderne Architektur ist davon ausgeschlossen. Ebenso wurde vieles, was unter dem Begriff Kultur subsumiert wird, nach und nach den Bedingungen des Marktes unterworfen. Masse statt Klasse ist das Schlagwort vieler Protagonisten nicht nur im globalen Kulturbetrieb geworden.

Ein neues Fortschrittsverständnis muss aufgebaut werden und schnellstens globalen Konsens erhalten. Es muss dazu dienen, dass jeder Einzelne und die Gesellschaften erkennen, dass zur Bewahrung der Lebens- und Überlebensfähigkeit ein völlig anderes Verständnis für die gesellschaftlichen Zielvorstellungen notwendig ist. Notwendigerweise werden dadurch auch die persönlichen Zielvorstellungen betroffen sein. Ein neues Fortschrittsverständnis, das dem *Prinzip Fortschritt* die höchste Priorität zuordnet, muss so gestaltet werden, dass es auf breitester Basis konsensfähig ist. Dafür ist grundlegendes Wissen über das, was den Fortschritt prägt, wie er sein könnte und welche Prioritäten für ihn gesetzt werden müssen, unabdingbar.

Fortschritt als Realität und die Komplexitätssteigerung der Welt

Ungeachtet dessen, dass der Fortschrittsgedanke als gesellschaftlicher Wert sich erst im 18. Jahrhundert auszubreiten begann, gehört alles, was wir mit dem Begriff Fortschritt verbinden, auch zum Wesen des Menschen und ist im Grunde so alt wie er selbst. Menschen strebten noch in jeder Epoche nach Verbesserungen ihrer Lebensbedingungen. Letztlich sind wir Menschen darauf ausgerichtet, unsere Lebensbedingungen durch fortwährendes Ändern, Infragestellen und Umgestalten unserer materiellen und geistigen Einflusssphären zu verändern. Dabei verändern wir das Gegebene immer mit dem Ziel, es zu unseren Gunsten zu verbessern, wobei unser Blick ganz besonders auf lokale oder regionale Verbesserungen bzw. auf die Grenzen unseres Aktionsraums und auf für uns überschaubare Zeitfenster gerichtet ist. Das bedeutet, dass wir die Vorteile aus Veränderungen, die wir vornehmen, möglichst auch für uns selbst oder für unsere Kinder, Enkel und engsten Verwandten nutzen wollen. Dabei denken wir weniger darüber nach, ob sie auf längere Sicht Nachteile für andere Menschen mit sich bringen, zum Beispiel für noch nicht geborene oder entfernt lebende Menschen. Diese Wert- und Handlungsmuster sind tief in unser Bewusstsein integriert und werden noch so gelebt, wie vor Tausenden von Jahren.[1] In diesem Prozess, der entfacht wurde, als der Homo sapiens entstand, waren, sind und werden Menschen und ihre Gesellschaften niemals mit dem Erreichten zufrieden sein. Das Streben nach Veränderung gehört zur immanenten Überlebensstrategie des Menschen, denn zu jeder Zeit gab es Missstände und Herausforderungen unterschiedlichster Provenienz und immer gute Gründe dafür, das Gegebene zu verändern, wie

---

[1] Aufgrund unserer wissenschaftlich-technischen Möglichkeiten dürften wir sie aber nicht mehr leben und überschreiten deshalb, wo auch immer, ständig Grenzen. Wir, die wir im wissenschaftlich-technisch dominierten Norden leben, verhalten uns deshalb so wie der berühmte Elefant im Porzellanladen.

etwa die Verbesserung der Lebensbedingungen aufgrund der Widrigkeiten und Unberechenbarkeiten der Natur. Ernst Bloch brachte dies prägnant zum Ausdruck und begann sein riesiges Werk »Das Prinzip Hoffnung« mit folgenden Aussagen: »[...] Wie reich wurde allzeit davon geträumt, vom besseren Leben geträumt, das möglich wäre. Das Leben aller Menschen ist von Tagträumen durchzogen, darin ist ein Teil lediglich schale, auch entnervende Flucht, auch Beute für Betrüger, aber ein anderer Teil reizt auf, läßt mit dem schlecht Vorhandenen sich nicht abfinden, läßt eben nicht entsagen. Dieser andere Teil hat das Hoffen im Kern, und er ist lehrbar. Er kann aus dem ungeregelten Tagtraum wie aus dessen schlauem Missbrauch herausgeholt werden, ist ohne Dunst aktivierbar« (1979, S. 1). Er beendet sein Werk mit den Worten: »Die Wurzel der Geschichte aber ist der arbeitende, schaffende, die Gegebenheiten umbildende und überholende Mensch. Hat er sich erfaßt und das Seine ohne Entäußerung und Entfremdung in realer Demokratie begründet, so entsteht in der Welt etwas, das allen in die Kindheit scheint und worin noch niemand war: Heimat« (1979, S. 1628).

Durch unsere Wahrnehmung der Welt und der einmaligen Konstruktion und Komplexität unseres Gehirns[1] verfügen wir über die Fähigkeit und den in der belebten Natur wohl ausgeprägtesten Willen zur fortwährenden Umgestaltung unserer Lebenswelt. Dieser Umstand ist dafür verantwortlich, dass wir, anders als andere Säugetiere, die Realitäten der Welt nicht nur hinnehmen, sondern sie in vielfältiger Weise hinterfragen und manipulieren. Durch diese Fähigkeit stieg im Laufe der Menschheitsgeschichte kontinuierlich die Komplexität in den menschlichen Gesellschaften. Mit ihr hat sich zwangsläufig das Tempo

---

[1] Der Biologe Edward O. Wilson schreibt über das Gehirn des Menschen: »Was wir über die Erbmasse und Entwicklung des Gehirns wissen, beweist, wie beinahe unvorstellbar kompliziert es ist. [...] Insgesamt gesehen ist das menschliche Gehirn das komplexeste aller bekannten Objekte im Universum – das heißt, der ihm selbst bekannten« (1998, S. 132).

des gesellschaftlichen Wandels bzw. Fortschritts erhöht. In diesem Prozess verändern wir uns, ob wir es wollen oder nicht, individuell, gesellschaftlich und kulturell – angetrieben durch unsere Kreativität. Sie fordert uns fortwährend dazu auf, das Gegebene zu verändern und nach Möglichkeit unser Dasein durch Leistungen in kulturellen, handwerklichen, wissenschaftlichen und technischen Bereichen zu transzendieren. Dabei ist das Wesen des Menschen darauf ausgerichtet, Neues zu schaffen. Das bedeutet, dass Menschen durch ihre Kreativität und ihre vielfältigen kognitiven Fähigkeiten ihr Dasein qualitativ verändern und dadurch Neues in der unbelebten Natur, in den Gesellschaften und in den Gehirnen der Menschen entsteht. Die Summe daraus ist auch ein Teil dessen, was wir als Fortschritt bezeichnen.

Wir sind also, ob wir es wollen oder nicht, Wesen, die fortwährend Veränderungen in der Umwelt bewirken und auch sich selbst immer verändern.

Nur für einzelne Menschen, niemals für Gesellschaften, kann vorübergehend ein Zustand eintreten, der, so wie er ist, bleiben soll – aber wohlgemerkt, nur vorübergehend und nicht dauerhaft.

In diesem Kontext bedeutet der viel zitierte Spruch »Stillstand ist Rückschritt« auch, dass etwas, was bewahrt werden soll, immer Veränderungen benötigt. Der Ökologe und Systemtheoretiker Helmut Etzold schrieb über die Bewahrung von Resultaten des Fortschritts treffend: »Die Ergebnisse eines Fortschritts lassen sich [...] nur bewahren, wenn dieser nicht stehen bleibt. Wer auf dem Weg nicht weitergeht, beraubt sich der eigenen Zukunft, denn er kann sich nur eine Zeit lang in seinem Selbstwiderspruch halten. Das gilt auch für den Wandel geistiger Systeme, wie die Religionen mit ihren verfassten Glaubensgemeinschaften. Die Vorgaben gelten ebenso für das Wirtschaftsgeschehen und jedes politische System« (2007, S. 7).

Aus diesen vielfältigen Gründen war und ist der zu Beginn dieses Kapitels angeführte Aphorismus von Georg Christoph

Lichtenberg prinzipiell immer richtig. Er hätte auch schreiben können: Immer muss es anders werden, wenn es gut werden soll.

Angetrieben durch das Prinzip Hoffnung (Bloch), das uns Menschen dazu veranlasst, für die Schaffung einer besseren Welt zu kämpfen, sind es in erster Linie immer wenige Einzelne, die sich mit dem Bestehenden nicht zufriedengeben und Verbesserungen der gesellschaftlichen Verhältnisse auf irgendeine Weise erzielen wollen. Sie waren und sind es, die das, was wir Fortschritt nennen, vorangetrieben hatten und ihn in Gegenwart und Zukunft vorantreiben werden. Diese kleine Minderheit dachte und denkt weit über den Tag hinaus. Anders als die Mehrheit der Menschen bezog und bezieht sie auch in ihren Fortschrittsphantasien Menschen ein, die noch nicht geboren wurden und die weit entfernt in anderen Ländern leben.

Der wichtigste Baustein für den Fortschritt sind die Bildungsinstitutionen. Keinesfalls darf, wenn wir von Fortschritt sprechen, übergangen werden, dass er größtenteils dort realisiert wurde und wird, wo er nicht institutionell, also informell, angesiedelt ist: in den Bemühungen breitester Bevölkerungskreise die allgemeinen Lebensbedingungen in materieller, sozialer, gesellschaftlicher und auch kultureller Hinsicht zu verbessern. Trivial formuliert zeigt sich dies im Bestreben fast aller Eltern, dass ihre Kinder es einmal besser haben sollen als sie selbst. Dass dies so ist und zu einem großen Teil auch gelungen ist, konnte seit der zweiten Hälfte des 20. Jahrhunderts in vielen Ländern des Nordens nachgewiesen werden. Die Entwicklungen seit den 1990er-Jahren zeigen aber, dass diese Trends in den Ländern des Nordens immer mehr kippen. Wir wissen leider auch, dass es in den meisten Ländern des Südens in den letzten Jahrzehnten überwiegend große Rückschritte und nur marginal positive Entwicklungen gab. Nicht umsonst sprechen Entwicklungsexperten von verlorenen Jahrzehnten speziell für Afrika, aber auch für Lateinamerika und große Teile Asiens. Sie sind für die Menschen auf diesen Kontinenten verloren, weil alle Bemühungen zur Verbesserung der allgemeinen Lebensbedingungen nicht ausgereicht haben, um reale gesellschaftliche Fortschritte zu erzielen.

Das Fortschrittsverständnis der meisten Menschen in den modernen Industriegesellschaften des Nordens, aber seit Mitte des 20. Jahrhunderts auch das in vielen Schwellenländern und Ländern des Südens wird etwa durch folgende Aussage bestimmt: Menschliche Aktivitäten sollen dazu beitragen, dass bestimmte Entwicklungen positiv verlaufen und sie nach gewissen Zeitspannen die allgemeinen Bedingungen des Lebens verbessern. Dabei wird stillschweigend vorausgesetzt, dass es Fortschritt, im Sinne von quantitativen und qualitativen Verbesserungen mehr oder weniger zwangsläufig gibt. Diese als Kulturoptimismus definierte Annahme, die Veränderungen als überwiegend positiv ansieht und dementsprechend weniger fortgeschrittene, also durch menschliche Eingriffe geringer veränderte Kulturen als weniger fortschrittlich bewertet oder sogar abwertet, stehen kulturpessimistische Tendenzen gegenüber. Sie gewinnen heute in Zeiten der kapitalistisch geprägten Globalisierung mehr und mehr an Bedeutung. Immer mehr Menschen vertreten inzwischen die Meinung, dass sich die Menschheit im Abstieg befinde und eine Besserung nicht in Sicht sei. Mit den feststellbar gewordenen »Grenzen des Wachstums« (Meadows et al. 1972), der drohenden Klimakatastrophe und den vielfältigen Menschheitsproblemen von heute hat der Kulturpessimismus großen Auftrieb bekommen, zumal dadurch – moderat formuliert – die Verheißungen des dominierenden Fortschrittsmusters stark geschwächt wurden.

Des Weiteren muss überlegt werden, wie Fortschritt interpretiert wird. Schon Max Weber unterschied zwischen bloß fortschreitender Differenzierung, zunehmender Rationalisierung technischer Mittel und echter Wertsteigerung. Danach sind wirkliche Fortschritte nur diejenigen, die zur Steigerung der allgemeinen Lebensqualität beitragen und eine echte Wertsteigerung implizieren (vgl. auch Brugger 1985, S. 112). Was aber bedeutet eine echte Wertsteigerung im Sinne von Fortschritt wirklich? Wären echte Wertsteigerungen durch den Fortschritt nicht immer nur diejenigen, die nicht im Geringsten negative Auswirkungen auf das hoch komplizierte Wirkungsgefüge der Biosphäre haben und die nicht auf irgendeine Weise Menschen benachteiligen oder schädigen?

Heute ist das Wort von der globalisierten Welt, die so viel menschengemachte Komplexität in sich trägt, dass das Leben und Überleben der meisten Menschen von hoch komplizierten wirtschaftlichen, politischen und technischen Komponenten abhängig geworden ist, in aller Munde. Interessant dabei ist, dass die grundlegende Form des menschlichen Körpers und Gehirns sich in den letzten 100.000 Jahren nicht verändert hat, Menschen aber im Laufe ihrer Geschichte die Welt so verändert haben, dass kein Einzelner mehr in der Lage ist, sie zu begreifen. Die Mondlandung, die Supercomputer, das Spaceshuttle, die Handys, die Superlandwirtschaft, die Kernkraftwerke, die Nanotechnologie, die Flugzeuge, die Kulturlandschaften, die Industrien und Städte, die moderne Medizin, die Bibliotheken und das Internet sind dafür einige wenige Hinweise. Der renommierte Zoologe und Geologe Stephen Jay Gould schrieb dazu: »Die Cromagnon-Menschen, die vor 20.000 Jahren die Höhlen von Lascaux und Altamira ausmalten, waren wie wir – und ein Blick auf ihre unglaublich reichhaltigen und schönen Arbeiten überzeugt uns davon, dass Picasso mit seiner geistigen Komplexität um keinen Deut weiter war als diese Vorfahren, die genau das gleiche Gehirn besaßen. Und doch hatte vor 20.000 Jahren noch keine Gruppierung der Menschen irgendetwas hervorgebracht, das unserer üblichen Definition einer Zivilisation entsprechen würde. Keine Gesellschaft hatte die Landwirtschaft erfunden oder dauerhafte Städte errichtet. Alles, was wir in dem nicht messbaren geologischen Augenblick der letzten 10.000 Jahre erreicht haben – vom Anbeginn der Landwirtschaft bis zum Sears Building in Chicago, das ganze Panorama der menschlichen Zivilisation mit allen guten und schlechten Seiten –, baut auf den Fähigkeiten eines unveränderten Gehirns auf. Die Geschwindigkeit des kulturellen Wandels übertrifft die der Darwinschen Evolution bei weitem« (2004, S. 270). Stellt sich hier nicht zwangsläufig die Frage, ob nicht unser unverändertes Gehirn mit der gestiegenen Komplexität der menschlichen Zivilisation durch den Fortschritt überfordert ist?

In diesem Zusammenhang stellt sich auch die Frage, weshalb sich immer mehr Menschen nach einer Vereinfachung ihres Lebens sehnen. Ist ihnen das Leben in unserer Zivilisation zu kompliziert? Werden nicht deshalb auch die unzähligen Ratgeber für ein besseres Leben und Bücher, wie beispielsweise »Simplify your life. Einfacher und glücklicher leben« millionenfach verkauft? (Küstenmacher et al. 2004). Ferner stellt sich die Frage, ob nicht auch aufgrund unserer komplizierten und hektischen Zivilisation zu viele Menschen aus der Realität in Scheinwelten flüchten, Drogen nehmen und sich in psychiatrische Behandlung begeben.

Begründen sich nicht die vielfältigen ökologischen, sozialen, wirtschaftlichen und politischen Krisen zu Beginn des 21. Jahrhunderts und die zivilisatorischen Rückschritte, die ich im ersten Teil dieses Buches aufgeführt habe, auch auf die Überforderung ganzer Gesellschaften mit den Errungenschaften unserer wissenschaftlich-technisch bestimmten Welt? Ist unsere Zivilisation zu komplex geworden, um sie auch nur ansatzweise nachhaltig und für Mehrheiten lebensfreundlich zu gestalten?

Elementare Prämissen für ein nachhaltiges Fortschrittsmuster

> *»[...] Die zunehmenden Krisen und Umweltkatastrophen zeigen aber, daß es höchste Zeit ist, Fortschritt nicht länger nur auf der materiellen oder gar technischen Ebene zu sehen, sondern in einer neuen Ebene unseres Denkens, das dem veränderten Zustand unserer dichtbevölkerten Erde adäquat ist.«*
> Frederic Vester

Ich glaube, dass wir – um mit Theodor W. Adorno zu sprechen – im Idealfall aus dem Bann des bestehenden Fortschritts heraustreten müssen. Wir müssen uns aus ihm durch ein neuartiges, nachhaltiges und lebensfreundliches Fortschrittsmuster befreien. Es muss Wert- und Handlungsmuster für sämtliche gesellschaftlichen Institutionen und für jeden einzelnen Menschen beinhalten, die dazu beitragen, die großen Herausforderungen unserer Epoche und die Fragen zur Zukunft des Fortschritts, die ich im ersten Teil analysiert und aufgeworfen habe, so anzugehen, dass sie zur Reduzierung von Krisen und Katastrophen der globalen Zivilisation beitragen. Sie sollen darüber hinaus zukunftsfähige Lebensstile fördern helfen. Bestehende zivilisatorische Errungenschaften aus Wissenschaft und Technik (insbesondere Infrastrukturen, Medizin, Kommunikation) sollten unter vollständiger Berücksichtigung kultureller und religiöser Unterschiedlichkeiten auch denen zugutekommen, die sie zum Leben und Überleben dringend benötigen. Der Schutz, die gesellschaftliche Akzeptanz und Integration von Minderheiten und die Vielfältigkeit von Menschen (Homosexuelle, Behinderte, Menschen unterschiedlicher Ethnien und Hautfarbe u. v. a. m.) und damit die Sicherstellung und Förderung der Vielfalt des Menschlichen sollte als Fortschrittsziel einen ganz hohen Stellenwert bekommen (vgl. auch Rorty 2003). Dementsprechend sollte auch der Multikulturalismus in den Ländern des Nordens verbessert und als Fortschrittsziel viel mehr Beachtung finden (vgl. auch Kymlicka 2000).

Nachhaltig im Kontext eines Fortschrittsmusters bedeutet zudem, Fortschritt *dauerhaft* zu ermöglichen. Das heißt, dass erzielte Fortschritte auf einer anderen Seite nicht wieder egalisiert werden. Dabei steht der Wert einer gelingenden Zukunft im Fokus, der nicht durch kurzfristige partikulare Interessen gefährdet werden darf. Das sind wesentliche Komponenten für das *Prinzip Fortschritt*. Es kann sich auf der gesellschaftlichen Ebene am besten realisieren, wenn sich möglichst viele Menschen daran beteiligen. Die dafür notwendigen Korrekturen in den Wert- und Handlungsmustern können aber auch individuell, also auf der Mikroebene jedes einzelnen Menschen als neuer Lebensstil verwirklicht werden. Niemand sollte darauf warten oder kann sich darauf verlassen, dass sich ein nachhaltiges Fortschrittsmuster von selbst einstellt oder durch gesellschaftliche Institutionen quasi ausgerufen wird. Um welche Korrekturen der Wert- und Handlungsmuster es sich dabei handelt, um individuell dazu beitragen zu können, wird nach und nach beschrieben.

Für dieses Fortschrittsmuster, für das es keine Alternativen gibt, wurde von mir das Adjektiv *nachhaltig* ganz bewusst gewählt, weil Nachhaltigkeit *das* Paradigma bildet, um insbesondere die Ziele, die durch den Begriff *nachhaltige Entwicklung* bekannt wurden, die aber nur sehr langsam vorankommen, voranzutreiben. Sie sind von außerordentlicher Bedeutung, um die negativen Trends und katastrophalen Entwicklungen, von denen rund drei Viertel aller Menschen der Welt betroffen sind, in eine zukunftsfähige Richtung umzulenken. Fortschritt kann nämlich nur stattfinden, wenn möglichst alle Menschen über ein Lebensniveau mit zufriedenstellenden Gestaltungsspielräumen und Zukunftsperspektiven verfügen.

Im Brundtland-Bericht der Weltkommission für Umwelt und Entwicklung mit dem Titel »Unsere gemeinsame Zukunft« wurde der Begriff Nachhaltigkeit, damals noch als *dauerhafte Entwicklung* bezeichnet, konkretisiert: »Dauerhafte Entwicklung ist Entwicklung, die die Bedürfnisse der Gegenwart befriedigt, ohne zu riskieren, daß künftige Generationen ihre eigenen Bedürfnisse nicht befriedigen können« (Hauff 1987, S. 46). Weltweite Bedeutung erzielte dieser Begriff in seiner englischen Fassung *sustainable development* (ebd.). Er hat folgende Zentralaussage: Eine globale Entwicklung mit qualitativem Wachstum, angemessenem Wohlstand und mehr Verteilungsgerechtigkeit für die armen Länder des Südens ist mit den notwendigen Zielen für den Umweltschutz im Sinne der Nachhaltigkeit (sustainable development) erreichbar. Fünf Jahre später wurde dieser Begriff als Handlungskriterium in der Deklaration von Rio auf der Rio-Konferenz[1] im Jahre 1992 (UNCED = United Nations Conference on Environment and Development) für die 180 beteiligten Staaten festgeschrieben. Er wird auch als eine ökonomische, soziale und ökologische Entwicklung verstanden, die weltweit die Bedürfnisse der gegenwärtigen Generation befriedigt, ohne die Lebenschancen künftiger Generationen zu gefährden. Dafür soll ein gesellschaftlicher Wandlungsprozess angestoßen werden, der zu neuen Wertvorstellungen, Konsumgewohnheiten und Lebensstilen führen soll.

Für ein nachhaltiges Fortschrittsmuster ist es unbedingt erforderlich, dass einige Regionen und Länder für die Ziele der nachhaltigen Entwicklung Schrittmacherdienste leisten. Natürlich sind die Regionen und Länder in der Pflicht, deren Bevölkerungen den größten ökologischen Fußabdruck aufweisen, also die begrenzten Ressourcen und die Biosphäre sehr für sich beanspruchen und nicht zuletzt deswegen aus den globalen Ungleichheiten und den strukturellen Ungerechtigkeiten Vorteile erzie-

---

[1] Diese Konferenz wurde auch als *Erdgipfel* bezeichnet.

len. Das trifft insbesondere für die Länder der Europäischen Union in Westeuropa, für die USA, Australien und Japan zu. Dafür sind erhebliche Korrekturen in den Wert- und Handlungsmustern der Bevölkerungen dieser Länder erforderlich. Diese können am besten realisiert werden, wenn auf möglichst breiter Basis für ein anderes als das bestehende Fortschrittsmuster geworben wird bzw., wenn Reformen und Kurskorrekturen in Politik, Wirtschaft, Wissenschaft, Technik und Zivilgesellschaft forciert werden, das dominierende in ein nachhaltiges Fortschrittsmuster nach und nach umzuwandeln. Dazu ist es erforderlich, dass sich das gesamte Bildungswesen dafür ernsthaft engagiert und konkrete Schritte auf den Weg bringen. Das vollständige Wissen, das die Kriterien für die nachhaltige Entwicklung und für zukunftsfähige Lebensstile bildet und solches, das dazu beiträgt, den armen Ländern des Südens reelle Entwicklungschancen zu ermöglichen, müsste in alle Lehrbücher des Bildungswesens integriert werden. Eine Aufgabe für Pädagogen wäre es, solche Lehrbücher zu verfassen und dafür einzutreten, dass sie, gleichberechtigt neben anderen Schulfächern, in die Lehrpläne integriert werden. Ebenso müssten dafür auch die Hochschulen in die Pflicht genommen werden.

Aber die Realität in der ersten Dekade des 21. Jahrhunderts sieht anders aus. Umso länger konkrete Schritte zur ökologischen und ökonomischen Nachhaltigkeit in den Ländern des Nordens hinausgezögert werden und nicht effizienter gegen Hunger, Armut und Elend in den Ländern des Südens vorgegangen wird, desto unwahrscheinlicher wird es, dass sich ein nachhaltiges Fortschrittsmuster entwickeln kann. Das liegt daran, dass sich das Zeitfenster, das uns noch Spielräume für zum Teil drastische Korrekturen und Reformen erlaubt, die in die Richtung eines nachhaltigen Fortschrittsmusters weisen, langsam aber sicher schließt.

Trotz dieses Wissens werden die ersten Schritte in Richtung der nachhaltigen Entwicklung und damit in die eines nachhaltigen Fortschrittsmusters nur äußerst halbherzig durchgeführt oder es werden seit Jahrzehnten Zusagen gemacht, die letztlich nicht oder nur bruchstückhaft eingehalten oder immer wieder aufs Neue ausgesprochen und dann doch wieder hinausgezögert werden. Politik, Wirtschaft und letztlich die Massenkultur in den Ländern des Nordens vertreten nämlich mehrheitlich die Meinung, dass sie dadurch in unserer globalisierten Welt gravierende Wettbewerbsnachteile in Kauf nehmen müssten und andere Länder, die Konkurrenten sind, und die nicht bereit sind, erste konkrete Schritte für die nachhaltige Entwicklung einzuleiten, dadurch Vorteile bekämen. Das zeigt sich zum Beispiel seit vielen Jahren beim Kampf gegen die steigende Erderwärmung, der nach über zehn Jahren Verhandlungen im Jahre 2005 in dem halbherzigen Kompromiss des Kyoto-Protokolls endete. Ein weiteres Beispiel dafür ist, dass auf dem G8-Gipfel in Heiligendamm im Juni 2007 schon als großer Erfolg gewertet wurde, dass alle G8-Staaten den alarmierenden Bericht des Weltklimarates (IPCC) nun endlich anerkennen und die reichen Länder die seit Jahren kontinuierlich gesunkenen Entwicklungshilfeleistungen für die armen Länder des Südens aufstocken wollen.

Am Schlimmsten zeigt sich das Ausbleiben *wirklich wirksamer Schritte* in der Bekämpfung der Armut, friedenserhaltender Maßnahmen und im Schutz gegen die Zerstörung der Biosphäre. Dagegen wollten die Länder dieser Welt im Jahre 2000 endlich konkrete Schritte einleiten. Dafür trafen sich am 08.09.2000 hochrangige Vertreter aus 189 Ländern, die meisten von ihnen Staats- und Regierungschefs, in dem bis dahin größten Gipfeltreffen der Vereinten Nationen in New York. Am Ende dieses Treffens wurde die sogenannte Millenniumserklärung verabschiedet. Sie definiert vier programmatische, sich wechselseitig beeinflussende und bedingende Handlungsfelder für die internationale Politik: 1. Frieden, Sicherheit und Abrüstung. 2. Entwicklung und Armutsbekämpfung. 3. Schutz der gemeinsamen

Umwelt. 4. Menschenrechte, Demokratie und gute Regierungsführung. Auf dem Weltgipfel für nachhaltige Entwicklung (World Summit on Sustainable Development) vom 26.08.2002 bis zum 04.09.2002 in Johannesburg wurden die Millenniumsziele schließlich in den Aktionsplan aufgenommen. Eine UN-Millenniumkampagne unterstützt mittlerweile in rund 60 Ländern nationale Kampagnen zur Erreichung der Millenniumsziele. Des Weiteren arbeiten weltweit zahlreiche NGOs und von den Regierungen unterstützte Institutionen im Rahmen der Entwicklungsforschung an Umsetzungsstrategien sowohl auf lokaler als auch internationaler Ebene. Sie leisten wertvollste Arbeit im Kampf gegen Hunger, Armut und Unterentwicklung. Es ist Arbeit, die wir im Norden nur phlegmatisch registrieren, die aber sicherlich wichtiger für die Qualität der Lebensbedingungen der globalen Zivilisation ist als etwa viele Errungenschaften im Norden durch den wissenschaftlich-technischen Fortschritt. Reiche wie auch arme Länder verpflichteten sich, alles daran zu setzen, die Armut in ihren Ländern drastisch zu reduzieren und Ziele wie die Achtung der Menschenrechte, Demokratie, ökologische Nachhaltigkeit und Frieden zu verwirklichen. Für die Umsetzung der Millenniumserklärung erstellte eine Arbeitsgruppe aus UN, Weltbank, OECD und anderen Organisationen im Jahre 2001 eine acht Punkte umfassende Liste von Zielen, die als die acht sogenannten »Millennium-Entwicklungsziele« (Millennium Development Goals – MDGs) bekannt wurden: 1. Bekämpfung von extremer Armut und Hunger (Vorgabe: bis zum Jahr 2015 den Anteil der Menschen halbieren, die weniger als 1 US-Dollar am Tag zum Leben haben, und ebenso den Anteil der Menschen, die Hunger leiden [Basisjahr 1990]). 2. Vollständige Primarschulbildung für alle Mädchen und Jungen. 3. Förderung der Gleichstellung der Geschlechter und Stärkung der Rolle der Frauen. 4. Reduzierung der Kindersterblichkeit (Senkung der Sterblichkeitsrate von Kindern unter fünf Jahren um zwei Drittel). 5. Verbesserung der Gesundheitsversorgung von Müttern (Senkung der Müttersterblichkeitsrate um drei Viertel). 6. Bekämpfung von HIV/AIDS, Malaria und anderen schweren Krankheiten. 7. Sicherung der ökologischen Nachhaltigkeit. 8. Aufbau einer globalen Entwicklungspartnerschaft.

Alle Mitgliedstaaten der Vereinten Nationen waren sich einig und haben zugesagt, diese Ziele bis zum Jahr 2015 zu erreichen.

Als dazugehörige Zielvorgaben wurden folgende Vorgaben gemacht: Weiterentwicklung eines offenen, regelgestützten, berechenbaren und nicht diskriminierenden Handels- und Finanzsystems (umfasst die Verpflichtung auf eine gute Regierungs- und Verwaltungsführung [Good Governance]). Berücksichtigung der besonderen Bedürfnisse der am wenigsten entwickelten Länder (umfasst zoll- und quotenfreien Zugang für die Exportgüter dieser Länder). Verstärktes Schuldenerleichterungsprogramm für die hoch verschuldeten armen Länder und die Streichung der bilateralen öffentlichen Schulden sowie die Gewährung großzügigerer öffentlicher Entwicklungshilfe für Länder, die zur Armutsminderung entschlossen sind. Die besondere Berücksichtigung der Bedürfnisse der Binnen- und kleinen Insel-Entwicklungsländer soll Rechnung getragen werden. Maßnahmen auf nationaler und internationaler Ebene, um die Schuldenprobleme der Entwicklungsländer umfassend anzugehen. Strategien zur Beschaffung menschenwürdiger und produktiver Arbeit für junge Menschen. Das Verfügbarmachen von erschwinglichen unentbehrlichen Arzneimitteln. Allgemeiner Zugang zu neuen Technologien, insbesondere den Informations- und Kommunikationstechnologien wie dem Internet.

Im Kontext eines nachhaltigen Fortschrittsmusters sind die MDGs von besonderer Bedeutung, denn Fortschritt im Allgemeinen muss sich an der Verbesserung der Lebensbedingungen für die Menschen in den armen Ländern des Südens orientieren, die schließlich die Majorität aller Menschen bildet. Die MDGs werden aber in der Praxis entschieden zu wenig gefördert und auf den politischen sowie wirtschaftlichen Ebenen sogar vielfältig blockiert. Die finanzielle Unterstützung für die MDGs sollte sich laut dem Sachs-Report des Jahres 2005 auf 135 Milliarden US-Dollar bis zum Jahre 2006 und auf 195 Milliarden US-Dollar bis zum Jahre 2015 belaufen, die durch Erhöhungen der weltweiten Entwicklungshilfe aufgebracht werden sollen (vgl. INKOTA-Brief 132, Juni 2005, S. 7). Tatsächlich betrug die weltweite Entwicklungshilfe im Jahre 2006 nur etwa 83 Milliarden Euro und sank gegenüber dem Jahre 2005 laut einer ODA-Statistik (Official Development Assistance – öffentliche Entwicklungszusammenarbeit) aus dem April 2007 sogar um 5 Prozent.[1] Zum Vergleich betrugen im Jahre 2005 die weltweiten Rüstungsausgaben rund eine Billion US-Dollar. Im Jahre 2006 stiegen sie weiter dramatisch an.[2] Ein weiterer Vergleich: Für die Sanierung der neuen deutschen Bundesländer (Aufbau Ost), in denen nur rund 16 Millionen Menschen leben, wurden 300 Milliarden Euro an Fördergeldern, 1,1 Billionen Euro an Anlageinvestitionen und 383 Milliarden Euro an Ausrüstungsinvestitionen (für 1991 bis 2004) aufgebracht. Und rund 156 Milliarden Euro sollen über das Hilfsprogramm »Solidarpakt II« von 2005 bis ins Jahr 2019 in die neuen Bundesländer fließen. Diese Vergleiche verdeutlichen das krasse Missverhältnis der

---

[1] Siehe auch im Internet: »Entwicklungspolitik Online« www.epo.de/
[2] Peter J. Croll, Geschäftsführer des Internationalen Konversionszentrums in Bonn (BICC), zum Trend weltweiter Aufrüstung: »Es scheint so, als seien die ersten Jahre nach Ende des Kalten Krieges ›die Sternstunde der Abrüstung‹ gewesen. Man erforschte und betrieb Konversion. Die Rüstungsausgaben sanken. Dass die Großen dieser Welt nun wieder aufrüsten, belegt der BICC-Jahresbericht 2006/2007. Knapp die Hälfte der weltweiten Militärausgaben in Höhe von über 1.000.000.000.000 (1 Billion) US-Dollar entfallen auf die USA. Russland rüstete für etwa 21 Mrd. US-Dollar (d.h. um 34 Prozent mehr als 2001; Indien gab 20,4 Mrd. US-Dollar in 2005 aus (2002: 12,3 Mrd.) und China geschätzte 41 Mrd. US-Dollar in 2005 (von 26,1 Mrd. US-Dollar 2001). Ging es am Ende des Kalten Krieges noch um eine Friedensdividende, hält der Ruf nach kriegerischen Handlungen und militärischen Aktionen zunehmend Einzug in die internationale Politik« (2007, S. 5).

finanziellen Prioritäten (Zuwendungen) zur Beseitigung von Hunger und Armut in den armen Ländern des Südens durch den Norden.

Heute sieht es so aus, als hätten die Regierungen, insbesondere die der reichen Länder des Nordens, diese noch vor einigen Jahren als ambitioniert zu bezeichnenden Ziele in den politischen Hintergrund geschoben, denn für die MDGs werden viel zu geringe finanzielle Mittel und zu wenig Personal zu ihrer Realisierung zur Verfügung gestellt. Zudem darf unterstellt werden, dass der Norden nicht wirklich am achten Ziel der MDGs, dem Aufbau einer globalen Entwicklungspartnerschaft, interessiert ist und es dementsprechend blockiert. Seit dem Jahre 2000 haben sich viele Problemfelder, die mit den MDGs angegangen werden sollten, in vielen Bereichen nicht verbessert, sondern zum Teil sogar verschlechtert. Die Welt wurde seitdem nicht besser, sondern schlechter, wenn wir die bestehenden Daten, Fakten und Trends nur ganz nüchtern auswerten. Thomas Fues, wissenschaftlicher Mitarbeiter am Deutschen Institut für Entwicklungspolitik in Bonn, schrieb über die bisherige Umsetzung der MDGs: »[...] Die bisherigen Umsetzungserfolge bei den MDGs wie auch die Ergebnisse der ab 1996 im Anschluss an den Weltsozialgipfel begonnenen UN-Dekade für Armutsüberwindung sind gemischt. Häufig wird in der internationalen Diskussion die Position vertreten, der Süden sei für die ersten sieben MDGs, der Norden für das achte verantwortlich. Dies gilt aber nur eingeschränkt, da die Industrieländer eine hohe Verantwortung für die ökologische Zukunftsfähigkeit unseres Planeten tragen (Ziel 7). Auch über die maßgeblich von ihnen bestimmten weltwirtschaftlichen Rahmenbedingungen nehmen sie Einfluss auf die soziale Entwicklung im Süden. Die Fortschritte bei Ziel 1 (Reduzierung von Armut und Hunger) und Ziel 2 (Bildung) fallen extrem unterschiedlich in den einzelnen Weltregionen aus. [...] Auch bei Ziel 3 (Gleichstellung der Geschlechter) gibt es Aufholbedarf [...] ebenso wie bei Ziel 4 (Kindersterblichkeit) und Ziel 5 (Müttersterblichkeit). Dramatisch ist die Situation bei Ziel 6 (Ausbreitung von Krankheiten). Hier ist überhaupt kein positiver Trend erkennbar« (2006, S. 164). Jens Martens, Geschäftsführer vom Global Policy Forum Europe und Mitglied im internationalen Koordinationsausschuss von Social Watch, schreibt über die MDGs: »Die Millenniumsentwicklungsziele haben deutliche Schwächen, verschaffen aber dem Thema Entwicklung weltweit neue Bedeutung. [...] Die Verantwortung des Nordens bleibt vage. Dort, wo die Millenniumsziele präzise quantitative und zeitliche Vorgaben enthalten, beziehen sie sich fast ausschließlich auf sektorale Entwicklungsprozesse im Süden (Bildung, Gesundheit etc.). Damit wird auch die Hauptverantwortung für die Verwirklichung dieser Ziele den Regierungen des Südens zugewiesen. Die Verantwortung des Nordens kommt dagegen nur vage im achten Ziel zur Sprache. So wird beispielsweise die Verpflichtung der Entwicklungsländer, den Anteil der Menschen, die Hunger leiden, bis zum Jahr 2015 zu halbieren, klar benannt; eine spiegelbildliche Verpflichtung der Industrieländer, dazu den notwendigen Beitrag zu leisten (Bereitstellung der erforderlichen Finanzmittel, Abbau von Agrarsubventionen etc.) fehlt jedoch. Von einer gleichberechtigten Partnerschaft, in der Industrie- wie Entwicklungsländer im gleichen Maße Verpflichtungen eingehen, kann daher keine Rede sein« (2005, S. 9).

»Für die westlichen Industrieländer stellt sich die Frage, wie weit ihre Bereitschaft zu einer solidarischen Weltordnung tatsächlich reicht. Ernst genommen geht es dabei um eine globale Umverteilung von Macht, Wohlstand, Arbeitsplätzen und Ressourcen. Dieser Aufbruch wird nicht leicht fallen in einer Zeit, in der soziale Probleme zu Hause vielen über den Kopf wachsen und die traditionelle Vorherrschaft des Westens wegen des wachsenden Gewichts der neuen Schwellenländer im Süden zunehmend ins Wanken gerät«, stellt Thomas Fues in einer Abwägung zwischen den Chancen und Risiken der MDGs fest (2006, S. 165).

Keine wirtschaftliche Lobby, nur ganz wenige politische Führer und letztlich auch die Bevölkerungsteile, die in den Ländern des Nordens besser gestellt und zudem in den wichtigsten Entscheidungsgremien angesiedelt sind, wollen Abstriche zugunsten einer global gerechteren Welt machen. Niemand wagt den ersten Schritt! Darüber hinaus zeigt sich der Unwille, das dominierende Fortschrittsmuster in ein nachhaltiges zu ändern und dementsprechend die MDGs zu fördern, zum Beispiel in der Trägheit vieler Industrien sowie in der Landwirtschaft, neueste, weniger die Biosphäre belastende Technologien massiv zu fördern und einzusetzen. Die Agrar-Lobbyisten beispielsweise verhindern den Umstieg von der konventionellen hin zur ökologischen Landwirtschaft und blockieren gerechte Handelsbedingungen, die keine die Länder des Südens belastenden Agrarsubventionen beinhalten dürfen.

Auch zeigt sich das Ausbleiben erster Schritte für ein anderes Fortschrittsverständnis und damit letztlich für ein neues Fortschrittsmuster in der Massenkultur der Länder des Nordens. Sie ist nicht in der Lage, aus sich heraus auf breiter Basis Initiativen in diese Richtung einzuleiten. Nur die weltweit angesiedelten NGOs und eine Minderheit in der Zivilgesellschaft kämpfen und arbeiten für die Ziele der MDGs.

Revolutionäre Veränderungen keimten aber immer an den gesellschaftlichen Wurzeln – im sogenannten »gemeinen Volk« und nicht im Establishment. Von ihm erwarten wir aber die ersten Schritte. Das ist völlig richtig. Aber wir machen dafür nicht genügend politischen Druck, sind zu unselbstständig, eigene Initiativen anzustoßen (Änderungen in den Lebensstilen, in den Betrieben, in den Unternehmen, an den Arbeitsplätzen, in den Familien, Mitarbeit und finanzielle Unterstützung von NGOs u. v. a.).

Wirklich realistische Schritte, die in die Richtung eines nachhaltigen Fortschrittsmusters gehen, sind letztendlich diejenigen Änderungen in unseren Wert- und Handlungsmustern, die wir als Individuen zu ihrer Förderung selbst beitragen oder, wenn wir sie selbst aus begründeten Umständen nicht umsetzen können, im Rahmen der individuellen Möglichkeiten unterstützen sollten. Hier aber kommen bei vielen Menschen große Zweifel und Ohnmachtgefühle auf, was sie passiv sein lässt. Besonders bei denjenigen, die sich aufgrund ihrer Lebensstile in Richtung eines nachhaltigen persönlichen Lebensstils mehr oder weniger drastisch umstellen müssten. Viele, zu viele Menschen glauben nicht an einen Wandel in Richtung einer Gesellschaft, die zukunftsfähige Strukturen aufbaut, sie fördert und die in ihren Wert- und Handlungsmustern auch diejenigen Menschen einbezieht, die noch nicht geboren wurden und in den armen Ländern des Südens und Ostens zu großen Teilen unter miserablen Lebensbedingungen leben. Für viele Menschen würde auch vieles zusammenbrechen, woran sie glauben und wofür sie leben und arbeiten, weil sie zu viel in ihren Berufen und im Privatleben verändern müssten. Ferner bildeten sich in den letzten Jahren in der Massenkultur immer mehr Einstellungen heraus, dass sich ein Engagement für eine sichere Zukunft, in der das Leben und Überleben der globalen Zivilisation impliziert ist, nicht lohne, weil negative Einstellungen über die Zukunftschancen der Menschheit und eine »Nach-mir-die-Sintflut-Mentalität« dominieren. Es überwiegt eine »Ich-lebe-jetzt-und-hier-Mentalität«, die gesellschaftliche Erfordernisse und die ernsten Fragen der nachhaltigen Entwicklung so gut wie ausblendet. Darüber hinaus sind die meisten Menschen mit ihrem eigenen Leben, den Alltagssorgen und beruflichen Unsicherheiten so sehr beschäftigt, dass sie darüber hinaus nicht denken und handeln wollen oder können. Auch deswegen herrschen große Widerstände und Ohnmachtgefühle in den Bevölkerungen, sich individuell für eine gelingende Zukunft zu engagieren. Das wird in fataler

Weise durch Politiker und wichtige gesellschaftliche Entscheidungsträger immer wieder verstärkt, weil sie mit aller Macht an den bestehenden Strukturen festhalten und nicht müde werden zu betonen, dass die Welt, so wie sie ist, besser würde, ohne die Systeme zu ändern. Sie ändern die Systeme nicht, weil sie primär die Ziele ihrer Nation und die der Lobbyisten aus Gesellschaft und Wirtschaft vertreten. Politik, die aber Systeme verändern will, muss international, bestenfalls kosmopolitisch ausgerichtet sein. Sie muss bereit sein, den Mythos vom quantitativen Wachstum des Industriegesellschafts-Paradigmas aufzugeben und alles dafür unternehmen, dass der Wandel zum nachhaltigen Fortschrittsmuster unterstützt wird. Politik muss sich dabei im Mindestfall der »Theorie der Gerechtigkeit« verpflichtet fühlen, wie sie John Rawls (1979) formuliert hat. Zugegeben, Politik hat es in der globalisierten Welt auch nicht leicht. Für viele Ziele, die das Leben und Überleben verbessern bzw. sichern sollen, müssen sich in der globalisierten Welt fast immer mehrere Länder (beispielsweise für Beschlüsse und Gesetze auf der Ebene der Europäischen Union sind es mittlerweile 27) und in zunehmend mehr Fällen sogar die über 190 Mitgliedsstaaten der Vereinten Nationen zusammenschließen. Sie müssen dabei viele diplomatische Hürden nehmen, kulturelle und religiöse Unterschiedlichkeiten berücksichtigen und schließlich aus der Summe aller politischen Kompromisse den kleinsten gemeinsamen Nenner für eine politische Innovation, dringend notwendige Änderungen usw. finden. Ist dieser dann gefunden, beginnt die Arbeit »vor Ort«, das heißt in den einzelnen Ländern, die dann zum Beispiel neue Verordnungen oder Gesetze einbringen müssen, damit diese letztendlich in der Realität wirken. So gesehen ist es nicht verwunderlich, dass politische Ideen, neue Gesetze und Verordnungen, die für das Überleben der Menschheit nicht selten von besonderer Bedeutung sind, in den meisten Fällen fast ein Jahrzehnt benötigen, um dann als kleinster gemeinsamer Nenner verwirklicht zu werden. Beispiele sind das Montrealer

Abkommen zur weltweiten Reduktion der FCKW aus dem Jahre 1987 und das nicht von allen Ländern unterschriebene, aber dennoch ratifizierte Kyoto-Klimaschutzprotokoll aus dem Jahre 2005. In vielen Fällen ist dann aus der ursprünglich formulierten Gesetzesvorlage, der politischen Idee oder Verordnung nur noch ein kleiner Rest übrig geblieben. Politik ist spätestens im Zeitalter der Globalisierung zum Schneckentempo verdammt. Weil das so ist, müssen viel mehr Menschen Initiativen ergreifen und wichtige Schritte forcieren, um ein nachhaltiges Fortschrittsmuster zu ermöglichen. Die Herausforderungen unserer Zeit können unmöglich nur von politischen Entscheidungen, Steuerungsmöglichkeiten, Gesetzen, Verordnungen usw. abhängig sein. Wir dürfen uns deshalb nicht darauf reduzieren, dass die Lösung drängender Zukunftsfragen nur von Politikern, Wirtschaftsführern und wichtigen gesellschaftlichen Institutionen allein beantwortet werden. Sie wären damit gnadenlos überfordert, denn wirkliche Änderungen in Gesellschaften gelingen nur durch Aktivitäten, die von der Massenkultur getragen werden und an denen sie in vielfältiger Weise mitarbeitet. Die Erfüllung des *Prinzips Fortschritt* benötigt also die Eigeninitiative und Kreativität möglichst vieler Menschen. Ohnmacht, Resignation, Blockadehaltungen und Zukunftsverdrossenheit sind deshalb absolut fehl am Platz.

Erich Fromm schrieb über die Ohnmacht heutiger Menschen treffend: »Der heutige Mensch hat sich von äußeren Fesseln befreit, die ihn daran hindern könnten, das zu tun und zu denken, was er für richtig hält. Er möchte die Freiheit haben, nach seinem eigenen Willen zu handeln, wenn er nur wüßte, was er will, denkt und fühlt. Aber eben das weiß er nicht. Er richtet sich dabei nach anonymen Autoritäten und nimmt ein Selbst an, das nicht das seine ist. Je mehr er das tut, um so ohnmächtiger fühlt er sich, um so mehr sieht er sich gezwungen sich anzupassen. Trotz allem dick aufgetragenen Optimismus und trotz aller äußerlichen Initiative ist der heutige Mensch vom Gefühl einer tiefen Ohnmacht erfüllt« (Fromm, 2000, S. 110). Diese Ohnmacht kann aber besiegt werden. Sie wird es, wenn individuell erkannt wird, dass das, was an Werten und Handlungen dominiert, nicht mehr oder zum Teil sogar noch nie richtig war und wenn der Einzelne feststellt, dass er daran etwas ändern kann. Des Weiteren, wenn der Einzelne feststellt, dass er an Lebensqualität gewinnt und sein Leben mit Sinn anreichert, wenn er Änderungen für ein nachhaltiges Fortschrittsmuster vornimmt. So geht es beispielsweise vielen Menschen in den NGOs, den vielen Ungezählten und Unbekannten, die sich ihr Leben lang auf irgendeine Weise dafür »abrackern«, dass es anderen Menschen besser geht, die Nothilfe in Krisengebiete leisten oder beispielsweise ihre Lebensenergie in der Verwirklichung von mehr Gerechtigkeit und Frieden investieren.

Auch die moderne Chaostheorie, mit der ich mich viele Jahre lang intensiv beschäftigt habe (vgl. auch Mittelstaedt 1993 und 1997), hat die Bedeutung des Einzelnen in der Welt nicht nur besonders hervorgehoben, sondern sie vielfältig untermauert und aufgewertet. Sie verneint energisch die These vieler Menschen, dass jeder ersetzbar sei und bekräftigt mit tief greifenden Argumenten, dass niemand zu ersetzen ist. Der einzelne Mensch, so scheint es, wird in der globalisierten Welt immer mehr zum Konsumenten, zur Nummer, zum Teil einer Menschenmasse degradiert. Dabei wird – nicht nur auf dem Arbeitsmarkt – der Eindruck vermittelt, dass es auf ihn nicht mehr sonderlich ankäme. In Wirklichkeit ist aber der einzelne Mensch einmalig und nicht ersetzbar. Individuelles Handeln, so argumentieren fälschlicherweise viele Menschen, trüge ja doch nicht dazu bei, dieses oder jenes zum Besseren zu führen. In Wirklichkeit ist individuelles Handeln, so klein es sich auch auszunehmen vermag, die Basis für viele Entwicklungstrends. Dabei darf nicht vergessen werden, dass auch kleinste Änderungen, also Korrekturen individueller Wert- und Handlungsmuster, große Wirkungen haben. Sie sind oftmals erst nach Jahren oder Jahrzehnten feststellbar, weil zunächst in der Gesellschaft viele Rückkopplungsschleifen gebildet werden, damit diese später gesellschaftlich wirken. Diese These lässt sich an den Lebenswerken ungezählter einzelner Menschen aus allen Epochen beweisen. Es waren solche, die von Wertorientierungen geprägt wurden, die sich oft gegen den Zeitgeist stellten oder avantgardistisch waren und deswegen zunächst immer Gegner hatten. Sie wurden vorangetrieben durch den Glauben an Gerechtigkeit, Humanität, Demokratie, Wahrheit, Freiheit und vielen weiteren Fortschrittsideen der Menschheit.

In diesem Kontext wird die absolute Einmaligkeit und nicht zu unterschätzende Größenordnung des Wertens und Handelns jedes einzelnen Menschen einmal mehr deutlich. Diese Erkenntnis sollten viel mehr Menschen im Kampf gegen ihre Ohnmacht haben – eine Ohnmacht, die unselbstständig im Ringen um dringend notwendige Änderungen macht.

Etwas Schlechtes besser zu machen, Bewahrungswertes zu bewahren, Gutes zu verbessern, Falsches aufzugeben, Richtiges zu fördern, Notwendiges durchzuführen, Gerechtigkeit zu fördern, Vernunft nicht zu instrumentalisieren – das alles sind wichtige Prinzipien menschlichen Wertens und Handelns. Sie werden jedoch immer weniger gelebt. Um den Übergang vom dominierenden Fortschrittsmuster in ein nachhaltiges einzuleiten, sind sie von größter Bedeutung. Dafür werden nun die wichtigsten Grundlagen aufgeführt.

Wahrnehmung und Verantwortung

Auf die Frage, auf welcher Stufe der Evolution sich heute das menschliche Denken befindet, antwortete der Mitbegründer des Club of Rome, Ervin Laszlo, und untermauert damit die außerordentliche Verantwortung der heute lebenden Menschen: »Das ist eine entscheidende Frage. Die Antwort läßt sich in einem Wort zusammenfassen: Verantwortung. Wenn ein System ein hohes Maß an Geistigkeit erreicht hat, eine Stufe, wie sie dem menschlichen Bewußtsein entspricht, das nicht nur die Fähigkeit gewonnen hat, wahrzunehmen, sondern auch die Wahrnehmung wahrzunehmen, d.h., unser Bewußtsein weiß, daß es weiß, dann ist dieses System für seine Handlungen verantwortlich« (1989, S. 167). Aber sind wir uns dessen auch wirklich bewusst? Sehr wahrscheinlich nehmen wir die Probleme und Krisen der Welt nicht so wahr, wie sie sind, oder wir entziehen uns, vorausgesetzt, wir würden sie richtig wahrnehmen, unserer Verantwortung für die Welt. Genau genommen entziehen wir uns vor der *Weltverantwortung* oder nehmen diese nicht richtig wahr. Dieser philosophisch geprägte Terminus meint die bewusste Anerkennung sittlicher Grundverpflichtungen in unserer globalisierten Zivilisation. Er geht davon aus, dass das Bewusstsein eines gemeinsamen Wohls aller Menschen in allen Ländern ebenso wenig teilbar ist wie die Solidarität. Dafür ist ein solidarisches Verantwortungsbewusstsein aller Menschen für den Aufbau einer gerechten und friedlichen Welt notwendig (vgl. Brugger 1985, S. 456). In diesem Kontext ist es einleuchtend, dass wir nicht nur für uns selbst, unsere Familien, Regionen und Länder, in denen wir leben, verantwortlich sind, sondern wir sind auch mitverantwortlich für die Lebens- und Überlebensbedingungen weit entfernt lebender Menschen und für die Generationen, die erst in der Zukunft leben werden. Deshalb sind wir für die Qualität der Biosphäre, menschliches und anderes Leben dauerhaft zu garantieren, enorm verantwortlich.

Aber zunehmend mehr Handlungen in unserer globalisierten Welt tangieren die Lebensbedingungen weit entfernt lebender Menschen und berühren unter Umständen auch die Interessen von noch nicht geborenen Menschen in der Zukunft. Diese Tatsache resultiert im Wesentlichen daraus, dass unsere Handlungen und ihre Auswirkungen nicht mehr auf die Regionen begrenzt bleiben, in denen wir leben. Unser wissenschaftlich-technisch dominierter Lebensstil, unsere Infrastrukturen und die irrwitzige Logik des neoliberalen Kapitalismus in der globalisierten Welt bedingen, dass wir, ob wir es wollen oder nicht, globale Spuren hinterlassen. Selbst jemand, der nicht Auto fährt, nicht mehr erwerbstätig ist, nie verreist und seinen Wohnort nicht verlässt, hinterlässt globale Spuren. Dies tut er, sobald er in einem Supermarkt Lebensmittel oder in einer Boutique Kleidung kauft, die nur noch begrenzt aus regionalen Produktionen mit regionalen Ressourcen zu bekommen sind. Das ist eine Folge zahlreicher Entwicklungen, die seit der Neuzeit immer größere Dynamik gewonnen haben, zur industriellen Revolution und schließlich zur Globalisierung führten. Zwangsläufig ist das eine Konsequenz unserer eigenen Ansprüche, die sich den Entwicklungen der letzten 500 Jahre angepasst haben. Unsere Ansprüche an ökonomische und kulturelle Werte werden immer mehr durch »globalisierte Techniken« ermöglicht. Wir sind von ihnen definitiv abhängig geworden. Nur wenige Menschen geben sich mit dem zufrieden, was die Regionen, in denen sie leben, ihnen in materieller, kultureller und ökologischer Hinsicht zur Verfügung stellen. Kurzum: Wir leben in einer Welt, in der die meisten Menschen auf ihren individuellen Ebenen global agieren, ob sie es wollen oder nicht. Daraus resultiert ein Lebensstil, der in vielfacher Hinsicht völlig unvereinbar ist mit den Möglichkeiten der Erde bzw. der Biosphäre, menschliches Leben sowie Tiere und Pflanzen in angemessener Qualität dauerhaft zu garantieren. Dadurch wird strukturelle Ungerechtigkeit gefördert, weil schon lange Zeit ein eklatantes Missverhältnis in der Verteilung und Nutzung der Ressourcen der Welt besteht. Darüber hinaus wird Zukunftsunfähigkeit gefördert, weil das dominierende Fortschrittsmuster in vielfacher Hinsicht schon lange Zeit die Grenzen der Belastbarkeit der Biosphäre überschreitet. Diese Tatsachen werden aber innerhalb der Massenkultur nicht richtig wahrgenommen und von den führenden Vertretern in Politik, Wirtschaft, Wissenschaft und Technik oftmals zynisch ignoriert. Nun liegen aber unstrittige Erkenntnisse vor, dass unser dominierendes Fortschrittsmuster nicht mehr Fortschritt, sondern Rückschritte, Ungerechtigkeiten und akute Gefährdungen der globalen Zivilisation fördert. Schritte zum Umdenken sind notwendig, genau genommen sind sie seit Jahrzehnten mehr als überfällig.

Eine zeitgemäße Annäherung an die Realitäten der Welt müsste zur Folge haben, dass wir die Herausforderungen unserer Zeit annehmen und entsprechendes Handeln konsequent einleiten. Eine richtige Annahme der bestehenden Herausforderungen hätte zur Folge, dass zum Beispiel gegen die drohende Klimakatastrophe eine Vielzahl von Sofortmaßnahmen in Kraft treten müsste. Gleiches trifft auf den Hunger in der Welt zu, gegen den viel mehr Möglichkeiten zur Verfügung stehen, die aber bei Weitem nicht ausgeschöpft werden. Bei richtiger Wahrnehmung dieser Probleme und Krisen würden wir unsere Verantwortung spüren und sofort handeln.

Würden wir die Probleme und akuten Krisen in der Welt so wahrnehmen, wie sie sind, so würden wir Grenzen meiden, anstatt sie, wo immer nur möglich, zu überschreiten. Wir würden ganz anders auf Ungerechtigkeiten und Zerstörungen eingehen, die wir an uns selbst, an der Tierwelt und an den Grundlagen der Biosphäre oftmals im Namen eines aberwitzigen Fortschrittswahns begehen. Weil dem so ist, handeln wir zukunftsunfähig und erzeugen Rückschritte, denn wir wissen, dass zum Beispiel der Flugverkehr signifikant zum anthropogenen Treibhauseffekt beiträgt, aber steigern ihn mit Verdopplungsraten in Schritten von ungefähr 20 Jahren. Wir wissen, dass die Flächenversiegelung durch Straßen, Gebäude, Flugplätze, industrielle Infrastrukturen, Parkplätze u. v. a. die natürlichen Lebensgrundlagen zerstört, aber versiegeln allein in Deutschland Tag für Tag rund 115 Hektar (Stand: 2007). Wir wissen, dass die Meere der Welt überfischt und auch deshalb Fischarten von dem Aussterben bedroht sind, aber können uns seit Jahrzehnten nicht auf Fangquoten und massiven Meeresschutz verständigen. Wir wissen, dass über 850 Millionen Menschen ständig unterernährt sind, aber sind unfähig, die Nahrungsmittel der Welt richtig zu verteilen und vernichten im Norden einen großen Teil der Nahrungsproduktion durch Überproduktion, Überangebot, unzureichende Variabilität der Verpackungsgrößen von Lebensmitteln und durch oftmals falsche Portionierungen von Mahlzeiten. Wir wissen, dass die Armut in vielen Ländern des Südens zu Kriegen führt, aber beliefern Krisengebiete mit Waffen. Wir wissen, dass in vielen Ländern ein großer Mangel an Krankenhäusern, Schulen, Wohnhäusern, Trinkwasseraufbereitungsanlagen, Stromversorgung u. v. a. besteht, investieren aber stattdessen immense Gelder in militärische Rüstung. Wir wissen, dass uns in wenigen Jahrzehnten wichtige fossile Rohstoffe für die Energieversorgung ausgehen werden, aber fördern Sonnenenergie und andere regenerative Energiequellen (etwa die Erdwärme), angesichts dessen, was auf dem Spiel steht, völlig unzulänglich. Wir sollten wissen, dass wir für den Zustand der Welt *verantwortlich* sind, aber ignorieren diese Weltverantwortung durch eine unvollkommene Wahrnehmung und/oder Ignoranz der Krisen.

Die Verantwortung für das, was wir an Ungerechtigkeiten und Zukunftsunfähigkeit in der Welt zulassen und den kommenden Generationen aufbürden, wird für jeden Einzelnen umso größer, desto mehr er die natürlichen Kreisläufe der Natur für seinen Lebensstil beansprucht. Entscheidungsträger aus Politik, Wirtschaft, Wissenschaft und Technik nehmen im Kontext dieser Verantwortung eine Sonderstellung ein. Sie haben eine höhere Verantwortung als »ganz normale Bürger«, weil sie großen Einfluss darauf haben können, welche Maßnahmen etwa auf die Gefahren des Klimawandels oder gegen die Armut der Menschen in armen Ländern des Südens getroffen werden können. Zu diesen Maßnahmen zählt auch, dass sie unpopuläre Entscheidungen treffen müssen, die für ein nachhaltiges Fortschrittsmuster erforderlich sind. Um diese durchzusetzen, müssen sie dafür verstärkt den Dialog mit den Menschen suchen und ihnen dafür plausible Erklärungen für die Maßnahmen liefern, die für ein nachhaltiges Fortschrittsmuster einzuleiten wären. Das sollten sie wissen – aber trotzdem nehmen zu viele Entscheidungsträger ihre Verantwortung dafür nicht richtig wahr.

Fazit: Mehr Initiativen einzelner Menschen sind vonnöten, um die Weltverantwortung in konkretes Handeln umzusetzen. Dies muss abseits der Politik geschehen, die jedoch, sollten die Initiativen vieler einzelner Menschen gesellschaftlich relevant werden, dadurch mehr Impulse und auch Druck bekommt, sich selbst der Weltverantwortung zu stellen. Dafür sind Veränderungen in den Wert- und Handlungsmustern erforderlich.

Menschenrechte und Humanismus

Menschenrechte und Humanismus sind grundlegende Wertorientierungen für eine gelingende Welt. Ihre Berücksichtigung bedingt die Qualität des friedlichen Miteinanders der Gesellschaften und Kulturen. Für das individuelle Werten und Handeln im Sinne des *Prinzips Fortschritt* einerseits und für den zivilisatorischen Fortschritt andererseits wären Verbesserungen an der »Allgemeinen Erklärung der Menschenrechte« (AEMR) vonnöten und eine Rückbesinnung auf den Humanismus geboten.

Mit den am 10. Dezember 1948 von der Generalversammlung der Vereinten Nationen verkündeten AEMR wurde erstmals in der Geschichte der Menschheit durch eine global operierende Organisation das *Ideal* verkündet, dass für alle Menschen dieser Welt *dieselben unveräußerlichen Rechte* gelten.[1] Dass die Würde des Menschen unantastbar ist, wurde in viele Verfassungen übernommen und ist damit zu einem wichtigen Be-

---

[1] Artikel 1 der Allgemeinen Erklärung der Menschenrechte: »Alle Menschen sind frei und gleich an Würde und Rechten geboren. Sie sind mit Vernunft und Gewissen begabt und sollen miteinander im Geiste der Brüderlichkeit begegnen«.

standteil des geltenden Rechts auf internationaler Ebene geworden. Darüber hinaus wurde mit den AEMR verkündet, dass alle Menschen auch Pflichten haben, damit die Menschenrechte eingehalten bzw. bestmöglich verwirklicht werden können (Artikel 29 der AEMR: »Grundpflichten«).

Mit den AEMR wurden damals auch die wichtigsten Grundwerte des Humanismus für die Mitgliedsländer der Vereinten Nationen verkündet, weil sie in den Artikeln der AEMR enthalten sind.

Zulässig ist die Kritik aus verschiedenen Ländern des Südens, insbesondere aus Kulturen, die nicht dem Christentum zuzuordnen sind, dass die AEMR aus der Rechtstradition der westlichen Zivilisation stammt, sie aber von den westlichen Industriegesellschaften als universell eingestuft werden (vgl. auch Galtung 1994). Daher wäre es zur bestmöglichen Erreichung der Ziele der AEMR viel besser und als ein bedeutender kultureller Fortschritt zu werten, wenn die Formulierungen in den Artikeln der AEMR durch eine Kommission, die sich aus Vertretern aller Kulturen und Rechtstraditionen zusammensetzen müsste, akribisch überarbeitet würden und letztendlich wirklich universellen Charakter hätten. Das würde die AEMR erheblich aufwerten, sie verbindlicher machen und viele Streitigkeiten aus dem Wege räumen. Der Friedensforscher Johan Galtung hatte dazu in den frühen 1990er-Jahren detaillierte Vorschläge gemacht.

Anknüpfend an die vor vielen Jahren aufgestellte Forderung des Theologen Hans Küng, dass die Menschheit ein gemeinsames Ethos, aber keine Einheitsreligion und keine Einheitsideologie, sondern einige verbindende und verbindliche Normen, Werte, Ideale und Ziele braucht, ist es dringend notwendig, die AEMR wirklich universell zu formulieren (vgl. auch Küng 1990). Eine überarbeitete und von allen Kulturen ausnahmslos anerkannte AEMR könnte ein wichtiger Bestandteil eines *globalen Ethos* werden – eines, das bedeutend zur Verständigung zwischen den Kulturen beiträgt, Gewalt reduzieren hülfe und Frieden stabilisieren und neu schaffen könnte.

Unabhängig davon, wie strittig die Formulierungen der AEMR auch für nicht westliche Rechtstraditionen sein mögen, die einzelnen Artikel der AEMR sind aber ganz und gar unstrittig humanistische Werte. Und diese sind letztlich unteilbar![1]

Heute berufen sich im Prinzip fast alle Regierungen und Ideologien immer wieder auf die Werte des Humanismus, die übrigens ihren Ursprung aus dem Bildungsideal der griechisch-römischen Antike beziehen, als geistige Strömung zur Zeit der Renaissance neu belebt und schließlich als Neuhumanismus im Zeitalter der Aufklärung erneuert wurden. Die Werte des Humanismus werden aber, genauso wie die Grundsätze und Wertvorstellungen, die in den 29 Artikeln der AEMR formuliert wurden, in der Realität oft auf vielfältige Weise mit Füßen getreten, und zwar nicht nur von Ländern wie China, Indien, Iran und vielen weiteren Ländern des Südens, sondern auch von den USA, Deutschland und anderen Ländern des Nordens (vgl. auch Amnesty International 2007).

Humanismus ist letztendlich die Bezeichnung für die Gesamtheit der Ideen von Menschlichkeit. Dabei ist sein Hauptaugenmerk darauf gerichtet, das menschliche Dasein zu verbessern. Die Kernfrage des Humanismus ist aber die Frage nach dem Menschsein: Was ist der Mensch und was ist sein wahres Wesen?

---

[1] Einige Artikel der AEMR in Kurzform: Artikel 1: Freiheit, Gleichheit, Brüderlichkeit. Artikel 2: Verbot der Diskriminierung. Artikel 3: Recht auf Leben und Freiheit. Artikel 4: Verbot der Sklaverei und des Sklavenhandels. Artikel 5: Verbot der Folter. Artikel 6: Anerkennung als Rechtsperson. Artikel 7: Gleichheit vor dem Gesetz. Artikel 8: Anspruch auf Rechtsschutz. Artikel 9: Schutz vor Verhaftung und Ausweisung. [...] Artikel 14: Asylrecht. Artikel 15: Recht auf Staatsangehörigkeit. Artikel 16: Freiheit der Eheschließung, Schutz der Familie. [...] Artikel 18: Gewissens- und Religionsfreiheit. Artikel 19: Meinungs- und Informationsfreiheit. [...] Artikel 21: Allgemeines, gleiches Wahlrecht. Artikel 22: Soziale Sicherheit. Artikel 23: Recht auf Arbeit und gleichen Lohn, Koalitionsfreiheit.

Zu den wichtigsten Grundwerten des Humanismus zählen, dass *die Würde des Menschen unantastbar ist*; das Festhalten am Prinzip der *Demokratie*, nach dem Menschen durch freie Wahlen an der Machtausübung im Staat teilhaben; *Solidarität* soll nicht nur das allgemeine Zusammengehörigkeitsgefühl stärken, sie ist vielmehr dafür da, um Menschen zu helfen, die Hilfe benötigen, egal, ob sie verschuldet oder unverschuldet in Notlagen geraten sind; die *Geschlechter sind gleichberechtigt* und die Menschen haben das Recht und die Pflicht auf *Selbstbestimmung*. Humanismus bedeutet zudem, dass es keine *absoluten Wahrheiten* geben kann und wir dementsprechend unser Wissen als begrenzt anerkennen und unser Nichtwissen respektieren sollten. Damit sind besonders die Wissenschaften angesprochen, die nicht alles machen dürfen, was sie vorgeben, machen zu können. Weil sie aber manches machen wollen, was sie eigentlich nicht machen dürfen, werden immer wieder ethische Grundsätze in Frage gestellt.

Das höchste Ziel des Humanismus ist, menschliches Leiden zu mindern.

Dass für die Ziele des Humanismus die natürliche Umwelt, also die Biosphäre der Erde und die biologische Vielfalt, bewahrt werden muss, ist von elementarer Bedeutung. Dies wurde in den letzten Jahrzehnten durch die Umweltkatastrophen immer deutlicher, die zahlreiche folgenschwere humanitäre Katastrophen nach sich zogen.

Frieden, als der universellste und höchste Wert der Menschheit, kann nur eingehalten bzw. gefördert werden, wenn die Werte des Humanismus gelebt werden, denn er bedingt sich durch sie auf komplexe Weise (vgl. auch Mittelstaedt 2000).

Um zivilisatorischen Fortschritt zu erreichen bzw. den Herausforderungen unserer Epoche auch nur annähernd gerecht zu werden, sind viele »große Würfe« notwendig. Mit einer stärkeren Orientierung auf eine wirklich universelle und damit verbindliche AEMR und auf einen Humanismus, der auch die

Weltverantwortung und die Lebensbedingungen noch nicht geborener Generationen einbezieht, ist es nicht ganz unrealistisch, dass sie gelingen könnten.

Aber wir leben in einer Zivilisation, die das Größer, Weiter, Schneller und Mehr in den Mittelpunkt stellt. Auf diese Wertmuster gründet sich weitgehend ihre ökonomische und soziale Stabilität. Humanismus und Weltverantwortung spielen in den Ökonomien unserer Welt aber nur eine marginale Rolle. Aber wir wissen, dass Deutschland als Beispiel auch davon abhängig ist und es in Zukunft immer mehr sein wird, wie stabil die Lebensverhältnisse in anderen Ländern, speziell in denen des Südens sind bzw. sein werden. Um sie dort zu verbessern, ist natürlich verstärkte Entwicklungszusammenarbeit notwendig, aber wir müssen darüber hinaus *bei uns* ein nachhaltiges Fortschrittsmuster aufbauen, das dazu beiträgt, die Ressourcen so zu nutzen, dass sie den Leitzielen der nachhaltigen Entwicklung entsprechen. Das impliziert, dass durch unsere Lebensstile möglichst geringer Schaden in anderen Ländern entsteht und die noch nicht geborenen Generationen eine Welt vorfinden, die ausreichende Möglichkeiten bietet, das Leben in möglichst intakter Umwelt und mit ausreichenden Ressourcen gestalten zu können. Der Humanismus und die AEMR sind dafür ganz wichtige Orientierungspunkte.

Sehr wahrscheinlich können wir Zukunftsfähigkeit nur noch dadurch gewinnen, indem wir unseren materiellen Lebensstandard intelligent einschränken und möglichst viele materielle Bedürfnisse auf kulturelle und ideelle Sphären verlagern, die immateriell sind oder für die ganz wenige Ressourcen benötigt werden. Letztendlich ist dafür eine *Dematerialisierung* unseres Lebensstandards erforderlich. Deshalb brauchen wir viele Effizienzrevolutionen um den Faktor vier (vgl. auch Weizsäcker et al. 1995) oder um den Faktor zehn und höher sowie viele Einsparmaßnahmen. Das Wissen darüber liegt seit vielen Jahren vor! Vieles wird inzwischen realisiert, aber nicht schnell genug angesichts der ökologischen Schieflage unseres Planeten und der langsam, aber sicher zur Neige gehenden begrenzten Ressourcen. Dabei müsste auch vermieden werden, dass Effizienzgewinne durch Mehrverbräuche pro Kopf wieder kompensiert werden.

Diese Verlagerung wird aber nur gelingen können, wenn uns allen eine Lebensqualität erhalten bleibt, in der die Lebensweise des »Small is Beautiful« nicht als negativ, sondern als Gewinn auf breitester Basis anerkannt wird. Das heißt, dass »Small is Beautiful« ein Megatrend werden müsste. Diesen müssten aber zuerst die Habenden, also die Reichen, die obere Mittelschicht und die »normale« Mittelschicht realisieren. Es darf nicht sein, dass diejenigen, die nicht viel haben, damit zuerst beginnen sollen, wie es seit einigen Jahren von immer mehr Politikern gefordert wird. Für einen Megatrend des »Small is Beautiful« ist es erforderlich, dass alle Produktions- und Dienstleistungsprozesse und Konsummuster dramatisch verändert werden müssten, damit sich die Lebensstile daran ausrichten können.

Dafür muss aber auch das geistige Fundament stimmen! Wir müssen viel mehr die humanistischen Werte in unser Leben integrieren und diese auch über die Verwirklichung der AEMR aktivieren. Dafür muss unbedingt die humanistische Bildung belebt werden. Dies fordert auch der deutsche Philosoph Julian Nida-Rümelin: »[...] Bildung vor Ausbildung! In einer Zeit, in der die ökonomischen Interessen so dominant sind, dass zum Beispiel Fragen der richtigen Lebensform, des Sinns des Lebens, des Respekts im Umgang miteinander manchen merkwürdig altmodisch erscheinen mögen, sollte es als große gesellschaftspolitische Herausforderung verstanden werden. Dieses humanistische Selbstverständnis ist auch als ein Gegenentwurf zu einer Gesellschaft des *homines oeconomici* zu verstehen, in der der Mensch auf eine Rolle als Konsument und Produzent reduziert wird. Aber wir sind mehr, wir sind Bürger mit einer gewissen Verantwortung für die *res publica*, wir sind Teil kultureller Gemeinschaften, wir stehen in einer historisch kulturellen Tradition, wir sind kulturell verfasste Wesen. Der Sinn des Lebens ergibt sich nicht primär aus ökonomischen Interessen« (2006, S. 35).

Wir brauchen eine zweite Aufklärung!

Die *erste Aufklärung* steht für das Ziel der vollständigen Trennung von staatlicher und religiöser Macht, des Gebrauchs der reinen Vernunft (Immanuel Kant), der Zurückdrängung von Mythen und Aberglauben, des allgemeinen Zugangs zu Bildungsinstitutionen, der Einführung der Schulpflicht und der vielen Befreiungs-, Emanzipations- und Demokratisierungsbewegungen seit mehr als zweihundert Jahren.[1] Die mit der Aufklärung verbundene philosophisch-gesellschaftliche Bewegung des 17. und 18. Jahrhunderts veränderte das Bewusstsein der Menschen ebenso wie die politischen Strukturen, zunächst in Europa und etwas später in den USA. Sie löste das alte, religiös determinierte Weltbild durch das neue, im Wesentlichen naturwissenschaftlich geprägte, ab. Die Aufklärung gilt als der ent-

---

[1] »Geistige Strömung, die, im 17. Jh. von England ausgehend, im 18. Jh. über Frankreich ganz Europa erreichte. Sie wurzelte im neuzeitl.-physikal. Weltbild (I. Newton), im engl. Empirismus (J. Locke) und Parlamentarismus und im frz. Skeptizismus (Montaigne). Ausgangspunkt der A. ist die Loslösung des Denkens vom überlieferten christl. Offenbarungsglauben und von dem durch das Christentum begründeten theolog.-metaphys. Weltbild zugunsten religiöser Toleranz und der Vorstellung einer ›natürl. Religion‹ ohne konfessionelle Grenzen. Die Vorstellung, dass die Vernunft das Wesen des Menschen darstelle, wodurch alle Menschen gleich seien (Egalitarismus), ließen das Erziehungswesen und die Volksbildung zu einem Hauptanliegen der A. werden (u. a. Enzyklopädisten). In Dtl. hatte in der Philosophie v.a. I. Kant die A. kritisch verarbeitet und weitergebildet; in der Literatur wurde G. E. Lessing zu ihrem Hauptvertreter. In der Rechts- und Staatslehre führte v.a. die Forderung Montesquieus nach einer ›Teilung der Gewalten‹ zu polit. Reformen (aufgeklärter Absolutismus), die letztlich die Frz. Revolution vorbereiteten« (Quelle: F. A. Brockhaus GmbH, Leipzig 2006).

scheidende Entwicklungsschritt in der Geschichte der Neuzeit und ist unbestreitbar die wichtigste Ursache für die Überwindung von Feudalismus und Absolutismus. Der Vernunft (logischer Verstand) wurde durch die Aufklärung der höchste Stellenwert zugeordnet, sie sollte das oberste Prinzip jeglichen Handelns werden. Die Epoche der Aufklärung war letztendlich die Geburtsstunde der modernen Zivilisation.

Ihre Prinzipien sind für uns, die wir in den westlichen Industriegesellschaften des Nordens leben, zur Selbstverständlichkeit geworden. Aber brauchen wir nicht eine *zweite Aufklärung*? Ist sie nicht schon längst überfällig?

Sind wir nicht, wenn wir uns die Daten, Fakten und Trends der globalen Menschheitskrise vor Augen halten, heute auf eine neue Art unaufgeklärt und vielleicht sogar selbstverschuldet unmündig? Unmündigkeit zu überwinden, zumal wenn sie selbstverschuldet ist, wurde bereits in der Epoche der ersten Aufklärung besonders betont. In der Dezember-Ausgabe der »Berlinischen Monatsschrift« von 1784 erschien der berühmt gewordene Aufsatz des Philosophen Immanuel Kant, in dem er prägnant seine Definition der Aufklärung veröffentlichte. Er begann mit den Sätzen: »Aufklärung ist der Ausgang des Menschen aus seiner selbstverschuldeten Unmündigkeit. Unmündigkeit ist das Unvermögen, sich seines Verstandes ohne Leitung eines anderen zu bedienen. Selbstverschuldet ist diese Unmündigkeit, wenn die Ursache derselben nicht am Mangel des Verstandes, sondern der Entschließung und des Mutes liegt, sich seiner ohne Leitung eines anderen zu bedienen. Sapere aude! Habe Mut, dich deines eigenen Verstandes zu bedienen! [...]« (vgl. auch Bahr 2006, S. 8 – 9). Der letzte Satz dieses Zitates wurde zum Wahlspruch der Aufklärung.

In gewisser Weise sind wir »kollektiv selbstverschuldet unmündig«, weil wir ganz allgemein die Gestaltung der Gesellschaft zu sehr von relativ wenigen Personen und Institutionen abhängig machen bzw. es dazu kommen ließen, dass relativ wenige Menschen und Institutionen zu viele Möglichkeiten besitzen und über zu viel Macht verfügen, die Gesellschaft und damit die Lebensbedingungen der Menschen zu prägen und nachhaltig zu beeinflussen. So ist im Laufe des 20. Jahrhunderts bis heute die Macht und damit der Einfluss großer Konzerne auf die Weltgesellschaft enorm angewachsen. Konzerne prägen, wie nie zuvor, nicht nur die Weltwirtschaft, sondern auch die Politik und Kultur. Sie beeinflussen nicht unbeträchtlich die Massenmedien, die sie zum Teil beherrschen, und nehmen Einfluss auf das Denken und Handeln der Menschen. Darüber hinaus sind wir viel zu wenig bereit und zu unselbstständig, die Ursachen der globalen Krise durch wesentlich mehr Eigeninitiativen anzugehen, und überlassen die dafür erforderlichen Aktivitäten Experten, engagierten Menschen, Politikern, Institutionen und NGOs. Auch sonst verlassen wir uns auf »Lösungen« zur Bewältigung vieler Probleme des Alltags auf »die«, die uns sagen, sie hätten die richtigen Mittel dafür. In der Welt des Massenkonsums und der scheinbar unbegrenzten Dienstleistungen gibt es für alles, so wird uns suggeriert, eine richtige Lösung – Bedingung dafür ist allerdings, dass wir für die Leistungen Geld zahlen. Diese werden uns insbesondere über die Werbeindustrie, der wir immer schlechter entkommen können, »vermittelt«.

Wir haben unbestritten durch die erste Aufklärung viel Aberglaube[1] und unzählige Mythen überwunden, aber auch neue erzeugt – nicht zuletzt den Mythos vom andauernden Wirtschaftswachstum, das alle Probleme dieser Welt lösen wird.

Hat nicht vielleicht sogar die erste Aufklärung ihr Ziel teilweise verfehlt, wenn wir uns die globale Krise und die daran beteiligten Komponenten einmal vor Augen führen? Zu nennen sind hier das dominierende Fortschrittsmuster mit seinen inhärenten Ökonomisierungszwängen, die Massenmedien, die Kul-

---

[1] »Rottet den niederträchtigen Aberglauben aus!« war ein Schlagwort Voltaires gegen die katholische Kirche.

tur- und Werbeindustrie sowie die vielen gesellschaftlichen Strömungen der Gegenaufklärung, die eine Bezeichnung für die ideologisch geprägten Gegenbewegungen ist, die gegen die Prinzipien der Aufklärung gerichtet sind.

Vielfach wird die Vernunft der Menschen zur Erzeugung und Steigerung des Wirtschaftswachstums sowie der damit verbundenen zivilisatorischen Wertorientierungen und den darauf basierenden Anpassungszwängen instrumentalisiert. Letzteres trifft nicht nur für den Bereich des Massenkonsums zu. Berufstätige Menschen und solche, die mit »einfachen« Jobs ihre Existenz sichern müssen, unterliegen sehr großen Anpassungszwängen. Nur ganz wenige können darauf Einfluss nehmen, die aus ihren Berufen und Jobs resultierenden Prozesse zur Erstellung von Dienstleistungen und Produkten dahingehend zu verändern, dass sie den Leitzielen der nachhaltigen Entwicklung entsprechen. Deshalb wird vielfach ganz bewusst oder aus Unkenntnis diametral gegen die Kriterien der Nachhaltigkeit verstoßen. Dies resultiert aus instrumentalisierter Vernunft und mangelndem Wissen über die Leitziele der nachhaltigen Entwicklung.

Max Horkheimer und Theodor W. Adorno überschrieben ihr Werk »Dialektik der Aufklärung«, das in den 1940er-Jahren entstanden ist und den Verdacht erhärtet, dass die erste Aufklärung ihre Ziele nicht erreichte, mit den Sätzen: »Wir hegen keinen Zweifel [...], daß die Freiheit in der Gesellschaft vom aufklärenden Denken unabtrennbar ist. Jedoch glauben wir, genauso deutlich erkannt zu haben, daß der Begriff eben dieses Denkens, nicht weniger als die konkreten historischen Formen, die Institutionen der Gesellschaft, in die es verflochten ist, schon den Keim zu jenem Rückschritt enthalten, der heute überall sich ereignet. Nimmt Aufklärung die Reflexion auf dieses rückläufige Moment nicht in sich auf, so besiegelt sie ihr eigenes Schicksal« (Horkheimer und Adorno 1969). In ihrem zum Klassiker avancierten Werk haben sie schon damals in dem Kapitel »*Kulturindustrie. Aufklärung als Massenbetrug*« beschrieben und vorausgesagt, dass die kapitalistische Wachstumsgesellschaft zur totalen Ökonomisierung nahezu aller Lebensbereiche fortschreiten und in einem »Ausverkauf der Kultur« enden wird (ebd., S. 128 – 176). Die Trends des gesamten 20. Jahrhunderts geben Horkheimer und Adorno bis heute zu großen Teilen recht – insbesondere durch die zunehmende Ökonomisierung des Lebens aufgrund des entfesselten Kapitalismus und Massenkonsums.

Heute ist überwiegend das vernünftig und damit sinnvoll, was sich ökonomisieren lässt, was Wirtschaftswachstum, finanzielle und materielle Steigerungsmöglichkeiten erzeugt. Damit wird ohne Wenn und Aber die allgemeine Verbesserung der Lebensqualität verknüpft. Über diese Wertorientierung gibt es weder im Establishment – unter Managern in der Wirtschaft, in politischen Parteien, unter Politikern – noch in der Massenkultur fast keinen Dissens. Das damit verbundene Steigerungsdenken (Gerhard Schulze) blendet viele Zusammenhänge aus – insbesondere wird dabei nicht oder nur unzureichend die Frage gestellt, welchen Sinn Ökonomisierungen und ihre Folgen machen. Letztlich wird dadurch die Vernunft vieler Menschen oftmals instrumentalisiert bzw. auf ein einseitiges Ziel hin »verengt«. So werden jeden Tag überall auf der Welt Handlungen vollzogen, die darauf abzielen, Ökonomisierungen zu steigern. Dies geschieht auf den individuellen bis hin zu den politischen Ebenen. Dabei werden fast immer alle Regeln der Nachhaltigkeit »über Bord geworfen«. So werden beispielsweise Tag für Tag an vielen Orten der Welt neue Industrieansiedlungen, Gewerbegebiete, Einkaufszentren, Bürogebäude, Flughäfen, Golfplätze, Ferienanlagen und Wohnhäuser errichtet, ohne dass die bereits bestehenden Kapazitäten in den jeweiligen Regionen vollständig genutzt werden. Dabei wird vielfach die Nutzung oftmals erst im Anschluss geregelt, insbesondere bei Wohnhäusern und Bürogebäuden, aber besonders bei Gewerbegebieten. Zudem werden viele Bauprojekte mit Steuermitteln gefördert. Kommunalpolitische Initiativen und Werbemaßnahmen müssen angestoßen werden, denn sie müssen sich einerseits rentieren und andererseits zur Steigerung des Wirtschaftswachstums beitragen. Jedes Bauvorhaben erzeugt zunächst automatisch Ökonomisierung (Wirtschaftswachstum) durch die Bauaktivitäten selbst. Nach Bauende stellen sich neue Ökonomisierungszwänge ein, weil logischerweise immer großer Druck darin besteht, dass die neuen Gewerbegebiete, Bürogebäude, Wohnhäuser usw. genutzt werden müssen. Letzteres ist natürlich ein bewusst herbeigeführter Zustand, weil ansonsten die Ökonomisierungslogik nicht mit dem Steigerungsdenken zusammenpassen würde. Diese zuletzt beschriebenen Aktivitäten tragen in vielen Ländern dazu bei, dass »ohne Not« ständig Flächen versiegelt und wertvolle Ressourcen und Energien eingesetzt werden. »Ohne Not« deshalb, weil zur Steigerung der Ökonomisierung die bestehenden Kapazitäten intelligenter oder effizienter genutzt werden könnten. Dies ist in den meisten Fällen den Entscheidungsträgern aber sehr wahrscheinlich bekannt. Sie möchten jedoch *mehr* Steigerungen, *mehr* Profit und deswegen *mehr* Ökonomisierungszwänge. Dabei werden immer wertvolle Landschaften, Biotope, Bäume, Wälder, Tier- und Pflanzenarten geopfert. Die Lebensqualität der Menschen, die von den neuen Baumaßnahmen betroffen sind, verschlechtert sich, weil die Natur zurückgedrängt wird. *Das alles hat mit nachhaltiger Entwicklung überhaupt nichts mehr zu tun!*

Diese exemplarisch gewählten Beispiele zeigen, dass Ökonomisierung zum Teil ein Selbstzweck geworden ist, denn sie befriedigt das Steigerungsdenken und hält an der Formel fest, dass Wirtschaftswachstum gut für die Gesellschaft ist und somit zum Fortschritt beiträgt. Ökonomisierungszwänge wurden zum »Prozess«, der immer von wenigen Menschen angestoßen und von vielen unterstützt wird, weil er scheinbar zur »Ordnung« und Stabilität unserer modernen Zivilisation beiträgt, denn dadurch sollen neue Arbeitsplätze entstehen und bestehende gesichert werden. Diese garantieren letztendlich das soziale Netz unserer Gesellschaft, worauf ein großer Teil ihrer Stabilität beruht. Diese Beispiele stehen stellvertretend für die vielen »Prozesse« zur Steigerung des Wachstums unserer zur Wegwerfgesellschaft verkommenen Zivilisation. Überall »müssen« Ökonomisierungszwänge aufgebaut werden (etwa durch neue Produkte, bewusst verursachte Kurzlebigkeit, Modetrends, technische Innovationen), damit die Stabilität bzw. das grundlegende Funktionieren der Gesellschaft garantiert wird – eine scheinbar in sich geschlossene Logik, vermeintlich vernünftig. Dass dieses Steigerungsdenken entscheidend zur globalen Krise beiträgt, wird dabei »ausgeblendet«. Ebenso verhält es sich im Kleinen. Dafür ganz einfache Beispiele: Fast jeder Jugendliche in Deutschland hat mit 18 Jahren schon einen Führerschein – für sein berufliches Weiterkommen ist er »unbedingt« erforderlich. Die Folge sind Ökonomisierungszwänge bei den Jugendlichen und in den Familien, die ich hier nicht weiter auszuführen brauche. Ebenso verhält es sich mit der Anschaffung eines Zweitwagens, der Vergrößerung des individuellen Wohnraums, der Anschaffung von Produkten, die Modetrends unterliegen u. v. a. Der Soziologe Gerhard Schulze bezeichnet die Suche nach der besten aller Welten, in der alles schneller, leistungsfähiger, aufregender, höher, größer und mehr werden muss, als ein Steigerungsspiel. Er schreibt: »[...] Anlass meiner Überlegungen zum Steigerungsspiel ist das Absurde als Risiko langer Wege. Es bietet dem Absurden Gelegenheit, sich als Sinn zu tarnen. Sichtbar wird es erst dann, wenn man von einzelnen Akteuren und Episoden absieht und den Gesamtzusammenhang im Lauf der Zeit ins Auge fasst. Nur bei dieser Betrachtungsweise kann ein Phänomen in Erscheinung treten, durch das sich die Soziologie seit Max Weber und seiner Analyse der Moderne immer wieder herausgefordert gefühlt hat: die Verselbständigung des instrumentellen Handelns. Der einzelne Akteur achtet in der Regel sorgsam darauf, dass sein Handeln zweckmäßig ist. Aber worin besteht der Sinn des Handelns, wenn man über den Horizont der Episode hinausblickt? Normalerweise unterbleibt die Frage. Geht man ihr nach, stellt sich heraus, dass die meisten Zwecke instrumentell für andere Zwecke sind, die wiederum für andere, und so weiter ad infinitum. Das Absurde nimmt die Gestalt unendlicher Pfade der Zweckmäßigkeit ohne letzten Zweck an. Instrumentalität findet nicht mehr aus sich selbst heraus, sie wird zirkulär; sie führt zu nichts« (2003, S. 79).

Zu Beginn des Buches habe ich ausgeführt, dass die modernen Wissenschaften und ihre Dienerin, die Technik, zu den wichtigsten Komponenten und Triebkräften für das dominierende Fortschrittsmuster zählen. Sie realisieren im Zusammenspiel mit der Wirtschaft und Politik fast alles, was machbar ist und sich nur irgendwie ökonomisieren lässt. Dabei werden die Fragen »Was *darf* wissenschaftlich-technisch gemacht werden und was *sollte* und *muss* verboten werden?« innerhalb der Wissenschaft und Technik und auch auf der gesellschaftlichen Ebene viel zu wenig gestellt. Im Kontext der Verantwortung der Wissenschaften für den Fortschritt fällt auf, dass der Themenkomplex »Wissenschaft und gesellschaftliche Verantwortung« zwar ein Dauerthema zahlreicher NGOs, sozialwissenschaftlicher Forschung und Kritik sowie ein Thema ungezählter Philosophen, Wissenschaftsdissidenten und Autoren ist und auch von Wissenschaftlern innerhalb[1] und außerhalb des Forschungs- und Entwicklungsbetriebes thematisiert wird. Dennoch wird die Verantwortung der Wissenschaften für ein nachhaltiges Fortschrittsmuster angesichts der Herausforderungen unserer Epoche auf *gesellschaftlicher Ebene* völlig unzureichend thematisiert. Mit anderen Worten: Die Wissenschaften und ihre industriellen und politischen Auftraggeber werden von der Öffentlichkeit kaum ernsthaft über ihre Forschungen, Entwicklungen und techni-

---

[1] In Deutschland zum Beispiel in der Vereinigung Deutscher Wissenschaftler (VDW), Berlin.

schen Realisierungen hinterfragt und der Wissenschaftsbetrieb unternimmt aus sich heraus nicht viel, um diesen Zustand zu ändern. Oftmals hat die Öffentlichkeit dazu überhaupt nicht die Möglichkeit, wissenschaftlich-technische Innovationen mitzubestimmen (insbesondere in den sensiblen Bereichen der Lebenswissenschaften und militärischer Rüstung). Deshalb werden nicht selten wissenschaftlich-technische Innovationen »in die Welt gesetzt«, wovon im Vorfeld nur ein kleiner Personenkreis informiert oder eingeweiht wurde. Dies ist einer von vielen Gründen, weshalb sich Wissenschaftler und ihre Auftraggeber vor unerwünschten Folgen und ethischen Hinterfragungen ihrer in die Welt gesetzten Entwicklungen fast ausnahmslos nur im Nachhinein rechtfertigen bzw. verantworten müssen.

Für kritische Wissenschaftler steht schon lange fest, dass der Wissenschaftsbetrieb überwiegend interessengeleitet ist. Dabei handelt es sich primär um die Interessen aus den Bereichen der Wirtschaft und Politik, aber auch um die der Wissenschaftler, die an ihre Karrieren und lukrativen Positionen denken, die sie weniger an den Universitäten und mehr in den Forschungs- und Entwicklungsabteilungen großer Unternehmen finden.

Nur ganz wenige Disziplinen in den Wissenschaften betreiben heute noch »reine Wissenschaft« und Grundlagenforschung oder eine Wissenschaft, die sich nicht durch irgendwelche Interessen moralisch-ethisch verbiegen bzw. instrumentalisieren lässt. Heute dient vieles, was Wissenschaft und Technik leisten, nicht mehr der reinen, sondern der instrumentalisierten Vernunft, die von den Protagonisten der Ökonomisierung angetrieben wird. Um nicht missverstanden zu werden: Es ist legitim, vernünftig und völlig richtig, dass aus wissenschaftlich-technischer Forschung und Entwicklung Innovationen resultieren, die letztlich rein kommerziellen Zwecken dienen bzw. die zu Anwendungen im Alltag führen. Dafür werden sie finanziert und vielfältig gefördert. Ansonsten gäbe es nicht die vielen grandiosen Fortschritte in der Medizin, in der Informations- und Kommunikationstechnologie, Nanotechnologie, im Automobil- und Flugzeugbau, in der Architektur, in der Raumfahrt und bei den unzähligen »Dingen«, die uns in fast allen Bereichen das Leben erleichtern, zum Teil verlängern und zur allgemeinen Verbesserung der Lebensqualität beitragen. Ebenso leisten Wissenschaft und Technik noch immer bedeutende Beiträge für die Grundlagenforschung, die nicht immer kommerzielle bzw. anwendungsbezogene Kontexte besitzt. Es darf kein Zweifel daran bestehen, dass der überwiegende Teil der Wissenschaftler seine Arbeit redlich ausführt.

Es ist aber de facto nicht richtig, wenn Wissenschaft und Technik dazu instrumentalisiert werden, Atombomben, Wasserstoffbomben, immer raffiniertere Methoden zur Einzel- und Massentötung von Menschen durch nukleare, chemische und biologische Waffen zu entwickeln und herzustellen. Sie werden zudem dazu gebraucht, Produkte zu entwickeln, die nicht im Entferntesten den Anforderungen der nachhaltigen Entwicklung entsprechen.

Ebenso lassen sich Wissenschaftler in den Lebenswissenschaften durch ihre Auftraggeber instrumentalisieren. Während im 20. Jahrhundert insbesondere die Physik die dominierende, alles gestaltende und vieles verändernde Wissenschaft war, so wird aller Voraussicht nach das 21. Jahrhundert von den Biowissenschaften, den sogenannten Life Sciences, den Lebenswissenschaften, dominiert werden. Aus diesen Wissenschaften resultieren Forschungen und Entwicklungen, die die menschliche Gesellschaft und ein Teil der Tier- und Pflanzenwelt schon seit einigen Jahren schleichend verändert haben und die potenziell in der Zukunft dazu fähig sein werden, relevante Veränderungen an Menschen, Tieren und Pflanzen herbeizuführen. Den entscheidenden Impuls haben die Biowissenschaften aus dem Humangenom-Projekt bekommen, dem wohl größten wissenschaftlichen Projekt der Menschheitsgeschichte nach dem Manhattan-Projekt zum Bau der ersten Atombombe. Es diente der

Entschlüsselung des menschlichen Erbguts (Genom[1]). Obwohl die Wissenschaftler inzwischen die menschlichen Gene erforscht haben, wissen sie noch lange nicht, wie die einzelnen Bausteine des Lebens zusammenpassen. Bislang können aus den menschlichen Genen nur ganz wenige Erbkrankheiten und einige wenige Wechselwirkungen »herausgelesen« werden. Ob es überhaupt jemals gelingen wird, die kompletten Zusammenhänge des menschlichen Genoms zu entziffern, bleibt eine offene Frage. Folgerichtig überschrieb in diesem Kontext der Molekularbiologe und engagierte Kritiker gentechnischer Forschungen und Entwicklungen, Jens Reich, in der Wochenzeitschrift »Die Zeit« vom 15.02.2001 seinen Kommentar zur damaligen Entschlüsselung des menschlichen Genoms: »Das entzifferte menschliche Genom bietet keinen Anlaß für Stolz und Allmachtsfantasie«. Kurzum: Die Biowissenschaften haben durch die Fähigkeit, Gene von Pflanzen und Lebewesen teilweise oder ganz zu entschlüsseln und zu manipulieren, das Potenzial, die menschliche Gesellschaft und die Biosphäre der Erde nachhaltig zu verändern. Die Risiken und Nebenwirkungen sind dabei nicht überschaubar und außerordentlich brisant, um diesen Sachverhalt moderat zu formulieren.

Es ist nicht richtig, dass aus dieser Entwicklung – die eine globale ist – die Öffentlichkeit mehr oder weniger herausgehalten wird. Die Menschen stehen im Prinzip vor vollendeten Tatsachen, wenn sie seit Jahren feststellen müssen, dass Lebensmittel und Arzneimittel zunehmend gentechnisch manipuliert werden sowie durch gentechnische Manipulationen und gentechnisches Klonen in den Bauplan des Lebens eingegriffen wird. Der weltbekannte Biologe und Autor wegweisender Bücher Edward O. Wilson schrieb über die Entwicklungen im Bereich der Biowissenschaften besorgt: »Es ist absolut möglich, daß wir innerhalb der nächsten fünfzig Jahre nicht nur unser Erbmaterial ge-

---

[1] Gesamtheit des genetischen Materials einer Zelle oder eines Individuums.

nauestens kennen, sondern auch eine Menge darüber wissen werden, wie unsere Gene mit der Umwelt interagieren, damit ein menschliches Wesen produziert werden kann. Und dann werden wir in der Lage sein, mit diesem Produkt auf jeder Ebene herumzupfuschen – es temporär abzuändern, ohne gleich ins Erbmaterial einzugreifen, oder es durch die Mutation von Genen und Chromosomen dauerhaft zu verändern.

Wenn diese wissenschaftlichen Fortschritte auch nur zum Teil Realität werden – was völlig unvermeidbar scheint, es sei denn, die genetische und medizinische Forschung würde mitten im Sprint gestoppt –, und wenn dieses Wissen dann allgemein zugänglich gemacht wird – was problematisch ist –, dann wird die Menschheit göttergleich die Kontrolle über ihr eigenes Schicksal in die Hand nehmen können. Sie wird, so sie das will, nicht nur die Anatomie und Intelligenz unserer Spezies verändern können, sondern auch ihre Emotionen und schöpferischen Triebe, die den Kern der menschlichen Natur bilden« (Wilson 1998, S. 365).

Teile aus Wissenschaft und Technik müssen sich den Vorwurf gefallen lassen, dass sie bei ihren Forschungen und Entwicklungen viel zu wenig auf die Folgen ihrer in die Welt gesetzten Innovationen achten. Die Liste der wissenschaftlichen Katastrophen der letzten Jahrzehnte ist lang. Wenn der militärische Bereich ausgeklammert wird, der insgesamt nur aus Katastrophen besteht, zählen zu ihnen so enorme Schäden wie das Ozonloch durch die Fluorchlorkohlenwasserstoffe (FCKW), die viele Jahrzehnte als unbedenklich angepriesen wurden. Der Super-GAU von Tschernobyl und die in die Tausende gehenden sogenannten kleineren und schwereren Störfälle der friedlichen Nutzung der Kernenergie gehören dazu. Die vielen Arzneimittelskandale und vieles Weitere, was den Stoff für Bücher liefert, kommen hinzu.

Schlimm an den beschriebenen Entwicklungen ist, dass die Mehrheit der Wissenschaftler und Techniker ihre Forschungen und Entwicklungen verantwortungsvoll ausführt. Sie werden aber durch eine Minderheit diskreditiert, die unverantwortbare Entwicklungen in die Welt setzt, die der instrumentellen Vernunft dienen, weil ökonomische und politische Interessen dahinterstehen. Noch schlimmer ist die Tatsache, dass diese Minderheit von Wissenschaftlern, Technikern und die dahinterstehenden Auftraggeber seit über hundert Jahren dabei sind, durch wenige Schlüsseltechnologien (insbesondere durch die Atomtechnik und Teile der Lebenswissenschaften) die Welt so zu verändern, dass die daraus resultierenden Folgen nachteilig für die Zukunftsfähigkeit der Spezies Mensch geworden sind. Wenn sich dieser Trend nicht ändert, werden sich die Nachteile in der Zukunft noch häufen.

Der oben beschriebene Zustand muss sich grundlegend ändern – auch dafür ist eine *zweite Aufklärung* notwendig. Wissenschaft und Technik müssen wesentlich mehr in ein nachhaltiges Fortschrittsmuster investieren. Dazu müssen sie ihren Machbarkeitswahn aufgeben und das »Prinzip Verantwortung«, das Hans Jonas Ende der 1970er-Jahre einführte, wahrnehmen.

Im Jahre 2000 habe ich die Bildung einer »Ethischen Deklaration für Wissenschaft und Technik« diskutiert (Mittelstaedt 2000b, S. 139 – 155). Darin wurde vor dem Hintergrund der Unteilbarkeit der Ethik herausgestellt, dass sich Wissenschaftler der Verantwortungsethik (Max Weber) verpflichtet fühlen müssen. Sie müssen insbesondere die unantastbare Würde des Menschen; die ethischen Postulate der 29 Artikel der Allgemeinen Erklärung der Menschenrechte; die ökologischen Grundlagen allen Lebens der Biosphäre der Erde und die Interessen künftiger Generationen an einer menschlich wünschenswerten und ökologisch zukunftsfähigen Zivilisation in ihren Forschungen, Entwicklungen und in die Welt gesetzten Anwendungen verbindlich einbeziehen. Eine »Ethische Deklaration für Wissenschaft und Technik« als verbindliche Ziel- und Richtschnur, die diese Wertorientierungen unterstützt, könnte die Situation verbessern helfen. Aber entsprechende Wertorientierungen konnten sich bislang nirgendwo etablieren. Nur mehr gesellschaftlicher Diskurs, mehr Einmischungen aus der breiten Öffentlichkeit und mehr Zivilcourage aufseiten der Wissenschaftler und Techniker können dazu beitragen, dass Forschung und Entwicklung betrieben werden, die nicht der reinen Vernunft sowie der Verantwortungsethik zuwiderlaufen.

Der amerikanische Philosoph Neil Postman diskutierte Ende der 1990er-Jahre ebenfalls eine *zweite Aufklärung*. Er sah Lösungen für die Fragen des 21. Jahrhunderts in den »Rezepten der ersten Aufklärung« bzw. in der Rückbesinnung auf die damit verbundenen Wert- und Handlungsmuster. Das ist ohne Zweifel richtig. Meines Erachtens muss aber noch Folgendes für eine *zweite Aufklärung* unternommen werden bzw. ihr Hauptaugenmerk sollte darauf gerichtet sein, *das Wissen über die katastrophalen Entwicklungen der Menschheit, die zur globalen Krise führten, aufklärerisch in die Massenkultur zu integrieren, um aus der »Falle« des instrumentellen Handelns und damit aus der instrumentalisierten Vernunft herauszugelangen.* Das muss zum Allgemeinwissen werden! Nur wenn viel mehr Menschen die komplexeren Zusammenhänge der globalen Krise gut verstehen, besteht eine realistische Chance, dass eine »kritische Masse« an Wissenden mit Weltverantwortung entsteht. Aus dieser »kritischen Masse« an Wissenden könnten dann Handlungen resultieren, um die Qualität der Lebens- und Überlebensbedingungen der Menschheit durch den Aufbau eines nachhaltigen Fortschrittsmodells zu sichern. Um dieses zu fördern, benötigen wir dringend eine »Kultur der Anerkennung«. Menschen, die sich, egal, in welchen Bereichen und mit welchen Kapazitäten, für eine zukunftsfähige Gesellschaft engagieren, benötigen wesentlich mehr Aufmerksamkeit und Anerkennung. Sie benötigen sie, um nicht aufzugeben, um mehr zu machen und um besser zu werden. Wenn sie mehr Anerkennung bekommen, werden sie leichter Vorbilder für andere sein. Vorbilder, die andere Menschen davon überzeugen, ähnlich zu handeln. Aus durchaus vergleichbaren Erwägungen hatte Ende der 1970er-Jahre Jakob v. Uexküll die »Right-Livelihood-Stiftung« gegründet. Seit dem Jahre 1980 werden durch seine Stiftung, die er aus persönlichem Vermögen und aus dem Erlös des Verkaufs einer Briefmarkensammlung finanziert, jährlich *Preise für die richtige Lebensführung* auf den Gebieten »Arbeit für den Frieden«, »Nachhaltige Entwicklung«, »Erhalt der Umwelt«, »Verbesserung sozialer Gerechtigkeit«, »Entwicklungszusammenarbeit« und »Förderung der Menschenrechte« verliehen. Seit vielen Jahren ist der Right Livelihood Award als »Alternativer Nobelpreis« weltweit anerkannt. Dadurch finden die Preisträger erheblich mehr Öffentlichkeit, weil die Medien über ihre Projekte berichten (vgl. auch v. Lüpke 2003). Der Alternative Nobelpreis ist ein gewisses Muster für eine noch zu bildende »Kultur der Anerkennung«, die auf Menschen gerichtet sein muss, die in gewisser Weise an der zweiten Aufklärung und an einem nachhaltigen Fortschrittsmuster pragmatisch oder theoretisch arbeiten. Es sind Menschen, die das *Prinzip Fortschritt* mit Leben erfüllen.

Natürlich tragen auch zahlreiche andere Preise und der »normale« Nobelpreis zu einer Kultur der Anerkennung bei. Im Sinne der zweiten Aufklärung wurde im Jahre 2007 der Friedensnobelpreis an Al Gore und den UN-Klimarat vergeben (siehe auch S. 66). Diese Preisverleihung ist als eine Zäsur in der Vergabepraxis des Nobelpreiskomitees anzusehen, weil dieser Preis nicht der Förderung des bestehenden Fortschrittsmusters dient, sondern den stillschweigenden Appell zu einer Kehrtwende in ein nachhaltiges Fortschrittsmuster impliziert.

Große Preise sind wichtig, aber wir brauchen auch viel mehr Anerkennung im Kleinen! Das bedeutet, dass Menschen, die oftmals gegen den Zeitgeist an Projekten arbeiten, die auf ein nachhaltiges Fortschrittsmuster abzielen, wesentlich mehr Anerkennung und Förderung im Alltag bekommen sollten. Mit »Alltag« meine ich nicht nur das allgemeine gesellschaftliche Umfeld, sondern auch den beruflichen Alltag. Auch dort müssten Menschen mit Ideen und Projekten gefördert werden, die dazu beitragen, nachhaltige Strukturen im weitesten Sinne zu entwickeln. Sie müssten zudem von ihren Arbeitgebern unterstützt und gefördert werden, entsprechende Beiträge auch für die Unternehmen einzubringen.

Für eine entsprechende Kultur der Anerkennung sind nicht nur Medien und Politiker zuständig, sondern alle, die mehr oder weniger wissen müssten, dass ihr Umfeld weder ökologisch noch ökonomisch nachhaltig ist und strukturelle Ungerechtigkeit gewollt oder ungewollt unterstützt. Hier sind die Entscheidungsträger in den Unternehmen im Besonderen, aber auch wir alle herausgefordert.

Für eine zweite Aufklärung benötigen wir darüber hinaus eine »neue Kultur des Protests«. Wir können uns nicht darauf beschränken, dass die bestehenden Fehlentwicklungen nur von Greenpeace, dem World Wildlife Fund For Nature, Attac, Amnesty International, vielen anderen NGOs, wissenschaftskritischen Einrichtungen und einzelnen Persönlichkeiten thematisiert werden. Wir benötigen zudem viel mehr kritische Stimmen seitens der Intellektuellen. Auf Deutschland bezogen fragt sich Johano Strasser: »Wo sind sie, die deutschen Intellektuellen? Sie, die sich einmischen in gesellschaftliche Fragen, die dem gemeinschaftlichen Diskurs Antrieb und Orientierung geben, die für die Demokratie unverzichtbar sind« (2005). Heute haben wir im deutschsprachigen Raum keine Intellektuellen vom Schlage eines Günther Anders, Heinrich Böll, Ossip K. Flechtheim, Hans Jonas, Alexander Mitscherlich oder Robert Jungk, die sich mit kritischen Statements über gesellschaftliche Entwicklungen äußerten, die sich einmischten und Debatten in Gang setzten. Heute haben wir zu viele angepasste Intellektuelle, die mitunter auch Werbung für Parteien mit neoliberalem Kurs machen.

Ebenso brauchen wir eine »Kultur des Protests« aus der gesellschaftlichen Mitte, die ähnlich wie die 68er-Generation, das Bestehende kritisch hinterfragt, die eine Gegenkultur aufbaut und dabei eine neue »Kultur der konstruktiven Kritik« initiiert. Aber dafür brauchen wir den Willen zur Vision, die aus einer darüber stehenden Utopie für den Aufbau und friedlichen Zusammenhalt einer idealen Weltgesellschaft ihre Nährkraft bezieht und die die Menschen, also die Massenkultur, in den Bann zieht.

Die Transformation des dominierenden in ein nachhaltiges Fortschrittsmuster als oberstes gesellschaftliches Ziel ist die logische Antwort auf die Herausforderungen des 21. Jahrhunderts. Diese Aufgabe kann meiner Meinung nach nur über eine zweite Aufklärung vermittelt und in die Tat umgesetzt werden. Wenn Menschen umfassender über die Risiken gegenwärtiger Wert- und Handlungsmuster und den Chancen einer Umorientierung auf das *Prinzip Fortschritt* aufgeklärt werden, dann kann es gelingen, dass das Potenzial für die dringend notwendige Vision auf breiter gesellschaftlicher Basis entfacht wird. Dafür sind große kulturelle Anstrengungen erforderlich.

FORTSCHRITT, AUTHENTIZITÄT UND DIE EINHEIT DES LEBENS

> *»Nicht nur die Armen rufen um Hilfe, sondern auch das Wasser, die Tiere, die Wälder, der Erdboden, letztlich die ganze Erde als lebender Superorganismus, den wir Gaia nennen. Sie rufen um Hilfe, weil sie kontinuierlichen Angriffen ausgesetzt sind. Sie rufen nach Unterstützung, weil ihre Autonomie und ihr innerer Wert nicht wahrgenommen werden.«*
> Leonardo Boff[1]

> *»Ich bin Leben, das leben will, inmitten von Leben, das leben will.«*
> Albert Schweitzer

Wir werden als Teil der Einheit des Lebens in die Zeit hineingeboren. Offen ist für uns der Zeitpunkt des Heraustretens aus unserer Zeit. Dazwischen steht unser Leben, das mit Sinn ausgefüllt werden will und das leben will, inmitten von Leben, das leben will, um mit Albert Schweitzer zu sprechen.

Aufgrund des Wissens über unsere zeitliche Begrenztheit sind wir bestrebt und als vernunftbegabte Wesen geradezu darauf angewiesen, dass unser Leben mit Sinn erfüllt wird, um Lebenszufriedenheit zu erreichen und um so etwas wie Glück zu empfinden. Sinn erfordert a priori erreichbare Ziele, die in sich selbst sinnvoll, also widerspruchsfrei sein müssen. Auf der individuellen Ebene gelingt es uns Menschen mehr oder weniger,

---

[1] Der Brasilianer Leonardo Boff ist einer der wichtigsten Vertreter der südamerikanischen Befreiungstheologie, die den Kampf für die Armen und Rechtlosen ebenso wie die Bewahrung der Schöpfung und das Engagement gegen die Globalisierung in den Mittelpunkt des Evangeliums stellt. Das Zitat ist aus Leonardo Boffs Rede zur Annahme des Right Livelihood Award »Alternativer Nobelpreis« (Quelle: v. Lüpke, 2003, S. 403).

erreichbare Ziele mit Sinn anzureichern, sie zu verwirklichen und daraus Glück und neue Lebensenergie zu schöpfen.

Viel komplizierter ist es auf den gesellschaftlichen und politischen Ebenen. Auf ihnen gab es im Prinzip noch nie erreichbare Ziele, die in sich selbst widerspruchsfrei sinnvoll waren. Deshalb konnten sie auch meistens nur teilweise oder überhaupt nicht verwirklicht werden. Sinnvolle gesellschaftliche Ziele sind letztlich nur dann in sich selbst widerspruchsfrei sinnvoll, wenn sie realen Fortschritt erzeugen bzw. wenn die angestrebten Ziele zu einer Verbesserung der allgemeinen Lebensbedingungen führen, die zukunftsfähig sein müssen, also nicht wieder nach gewissen Zeitspannen zu Verschlechterungen der allgemeinen Lebensbedingungen führen. Wir wissen aber, dass viele ehemalige gesellschaftliche Fortschritte nicht mehr bestehen, sie durch Veränderungen aufgehoben wurden und in vielerlei Hinsicht auch Rückschritte entstanden sind. Ebenso ist es gemeinhin unstrittig, dass die globale Zivilisation zukunftsunfähig ist, denn überall gibt es große Ungleichgewichte und Instabilitäten auf politischen, wirtschaftlichen und sozialen Ebenen. Die Geschichte beweist, dass gesellschaftliche und politische Zielvorstellungen immer Minderheiten und Andersdenkende ausgrenzen, diverse Gruppen übervorteilen, verfolgen und ausbeuten, während sich einige Wenige bereichern. Darüber hinaus basieren sie seit Jahrhunderten darauf, der Biosphäre und Erde mehr zu entnehmen, als sie uns dauerhaft zur Verfügung stellen können, was in besonderer Weise für den realen gesellschaftlichen Fortschritt nachteilig ist, wie wir seit einigen Jahrzehnten durch die sogenannten »Grenzen des Wachstums« feststellen müssen. Gesellschaftlich und politisch erreichbare Ziele standen und stehen somit nachweislich immer im Widerspruch zur Einheit des Lebens und den Anforderungen, reale Fortschritte zu erzielen, die nicht auf Kosten anderer Lebewesen und der Biosphäre erzeugt werden. Viele gesellschaftlich erreichbare Ziele wurden deshalb nicht erreicht, weil sie im Kontext realen gesellschaftlichen Fortschritts nicht in sich sinnvoll waren. Viele Ursachen dafür sind in der Tatsache begründet, dass kurzfristige Interessen und die Macht von Minoritäten über Majoritäten seit je den Alltag prägten und prägen.

Der neoliberale Kapitalismus und zahlreiche andere Ideologien erheben zwar den Anspruch auf Sinn für das gesellschaftliche Wohl. Dieser Sinn wird stets mit erreichbaren Zielen verbunden, die in sich selbst sinnvoll seien, aber die gesellschaftlichen Probleme und Krisen bestätigen bislang eher das Gegenteil. Darüber hinaus sind gesellschaftliche Ideologien und auch der neoliberale Kapitalismus, der letztlich auch ideologische Komponenten beinhaltet, immer von Dogmen und Verboten gekennzeichnet und verletzen somit auch die Freiheit des Denkens und viele Grundlagen der Gerechtigkeit (vgl. auch Rawls 1979).

Bis heute existiert keine konsistente gesellschaftliche Theorie, die den Menschen erreichbare Ziele liefert, die in einem größeren Kontext eingebettet sind und der alle Menschen verbindet und Sinn vermittelt, der in sich selbst sinnvoll ist. Nur aus begrenzten Kontexten schöpfen einzelne Menschen und Interessengruppen ihren Sinn. Uns fehlt aber der größere sinnstiftende Kontext, der zielgerichtet ist und eine Vision enthält, die niemanden aus der Gesellschaft ausschließt und durch die jeder zusätzlichen Sinn außerhalb der Privatsphäre oder aus begrenzten Kontexten vermittelt bekommt. Nur die Religionen besitzen für ihre Anhänger in sich konsistente Ziele (Vorstellungen), die das menschliche Sein in zielgerichtete Kontexte stellen, die in sich selbst sinnvoll sind.

»[...] Stets verlangt der teleologische[1] Sinn, daß das Ziel erreichbar und in sich selbst sinnvoll sei; sonst ist das Zielstreben sinnlos. Hier eröffnet sich die letzte Tiefe des Sinns. Ziel und Wert empfangen ihre Sinnhaftigkeit vom Sein, das in und aus

---

[1] Teleologie ist die Lehre von der Zielgerichtetheit und Zielstrebigkeit jeder Entwicklung im Universum oder in seinen Teilbereichen.

sich selbst sinnhaft ist, weil es sich durch sich selbst rechtfertigt, sowohl für das Verstehen als auch für das Erstreben. [...] Sein und Sinn fallen zusammen, und zwar in Gott absolut. Das Endliche [der Mensch] nimmt an dieser Identität in dem Maße und der Weise seines Seins teil; hat es seinen Sinn nicht allein in sich selbst, so erfüllt sich sein Sinn in einem andern, worauf es hingeordnet ist«, wird u. a. im philosophischen Wörterbuch über den Terminus Sinn geschrieben (siehe auch Brugger, S. 353).

Die westliche Zivilisation, und nicht nur sie, hat »Systeme« aufgebaut, die den meisten Menschen an einen tieferen Sinn des gesellschaftlichen Miteinanders zweifeln lassen. Sie hat ein gestörtes Verhältnis zur Einheit des Lebens, weil sie dem Materiellen die höchste Aufmerksamkeit zukommen lässt und trotz aller Warnungen von überschrittenen Grenzen eisern daran festhält. Dadurch wird das Leben auf der Erde gefährdet, vielfach zerstört und verliert an Zukunftsfähigkeit. Wir verhalten uns damit widersprüchlich, weil wir einerseits dem Leben den höchsten gesellschaftlichen Wert zuweisen – nicht nur in unseren Verfassungen, andererseits uns aber nicht daran halten.

Gesellschaftlicher Fortschritt kann in Zukunft nur erzielt werden, wenn wir es schaffen, das Leben, das heute, morgen und übermorgen leben will, so in unsere Wert- und Handlungsmuster einzubeziehen, dass auch das Leben auf globaler Ebene eingeschlossen sein muss. Dieser Umstand ist relativ neu. Er wurde spätestens mit der ersten industriellen Revolution eingeleitet und hat sich im Laufe des 20. Jahrhunderts durch die auf Wissenschaft und Technik fußende Globalisierung und des Siegeszuges des Kapitalismus herausbilden können. Kurzum: Menschen agieren schon relativ lange global, ob sie es wollen oder nicht, aber sie Denken immer noch lokal. Wir wissen anscheinend nicht genug über die Folgen unseres Handelns, wir erkennen nicht die »Eingriffstiefe« vieler unserer Handlungen auf die globale Zivilisation, auf die uns begrenzt zur Verfügung stehenden Ressourcen der Erde und die Biosphäre unseres Planeten, die unser Leben garantiert und schützt. Deshalb müssen wir lernen, nicht nur alle Menschen und andere Lebewesen, sondern auch die Grundlagen dafür, also die Biosphäre so zu schützen bzw. so zu nutzen, dass wir sie nicht zerstören. Dafür müssen wir uns in die *Einheit des Lebens* integrieren, wofür eine neue Bewusstseinsebene erforderlich ist, die als *Weltbewusstsein* bezeichnet wird und *ökologisches Bewusstsein* enthalten muss.

Weltbewusstsein schließt zunächst Weltbürgertum (Kosmopolitismus) ein. Darin sind Wert- und Handlungsmuster enthalten, nach denen alle Menschen, Völker, Nationen und Kulturen gleichberechtigte und sich gegenseitig bereichernde Teile einer gemeinsamen Welt sind. Schon seit dem 19. Jahrhundert ist das Weltbürgertum fester Bestandteil in Liberalismus und Sozialismus, aber es konnte sich bislang nicht richtig entfalten. Weltbürger sind bestrebt, global zu denken und dementsprechend lokal zu handeln mit besonderem Akzent auf intakte Beziehungen zu Menschen jedweder Herkunft, Religion oder Hautfarbe. Das Ziel weltbürgerlicher Orientierung ist das Wohlergehen aller Menschen auf der Welt und die Sicherstellung wünschenswerter Zukünfte. Darüber hinaus schließt *Weltbewusstsein* die Welt als Ganzes ein, also den gesamten Lebensraum der Erde und *alles* Leben.

Ökologisches Bewusstsein besteht aus Wert- und Handlungsmustern, die darauf ausgerichtet sind, das Leben auf der Erde und den dafür benötigten Lebensraum durch die eigene Existenz nicht zu schädigen.

Nur mit rein wissenschaftlich-technischen Fortschritten, seien sie auch noch so großartig, können wir Zukunftsfähigkeit und gesellschaftlichen Fortschritt niemals dauerhaft erzielen. Angenommen, die menschliche Zivilisation würde erreichen, dass Menschen durch wissenschaftlich-technische Fortschritte auch dann noch überleben könnten, wenn die Biosphäre zerstört wäre und es außer uns fast keine anderen Lebewesen mehr gäbe, weil wir sie durch unseren Lebensstil ausgerottet hätten, wäre das sicherlich keine erstrebenswerte Zukunft, sondern eine Horrorvorstellung.

Wir müssen uns also wieder ins Lebensnetz einbinden, wie es Fritjof Capra fordert (1996, S. 343). Authentizität im Denken und Handeln mit der Einheit des Lebens ist dafür unabdingbar. Das bedeutet konkret, dass wir lernen müssen, die Entfremdung zu den Grundlagen des Lebens, also zur Biosphäre und der darin enthaltenen Flora und Fauna aufzuheben. Darüber hinaus sind nicht nur Verständnis, sondern absolutes Mitgefühl, also die Bereitschaft und Fähigkeit, sich in die Situationen anderer Menschen, aber auch anderer Lebewesen hineinzuversetzen, dafür erforderlich (Empathie). Wir müssen die Verbundenheit mit dem Ganzen, die noch heute einige indigene Völker mit Leben erfüllen, erlernen oder wieder zurückgewinnen, weil sie uns verloren ging. Wäre dies erreicht, so brauchten wir über Fortschritt nicht mehr zu diskutieren, denn er wäre selbstverständlich.

Der vietnamesische Mönch Thich Nhât Hanh schrieb: »Das wahre Glück liegt in einem Leben, das von der Einheit erleuchtet ist, daß alle zusammengehören und miteinander verflochten sind« (1999, S. 117). In unserer globalisierten Welt mit ihren Massenmedien, die globale Informationen an allen Orten auf der Welt verteilen, wird uns das allgemeine Wissen über Menschen und Kulturen, die irgendwo auf Welt existieren, fast ohne Zeitverzögerungen ständig mitgeteilt. Wir müssten also eigentlich besser denn je wissen, dass alle Menschen zusammengehören und sie miteinander verflochten sind. Aber die Interessen, die unsere Zivilisation verfolgt, klammern diese einfache, aber ungemein tiefe und wichtige Erkenntnis aus.

Warum fällt es so schwer, uns in die Einheit des Lebens zu integrieren, sie nicht zu gefährden und dafür ein Weltbewusstsein und ökologisches Bewusstsein zu entwickeln? Was hindert uns, am *Prinzip Fortschritt* teilzunehmen, also an einer Denkweise, die erforderlich ist, um die besten Lösungen für eine

Vielzahl schwieriger gesellschaftlicher Herausforderungen und Krisen zu finden bzw. die bereits vorhandenen Lösungen umzusetzen? Vieles, was dem entgegensteht, habe ich im ersten Teil des Buches ausgeführt. Dass aber auch realistische Möglichkeiten bestehen, der bestehenden Wirklichkeit etwas entgegenzusetzen, ist im ganzen Buch, insbesondere im zweiten Teil, enthalten. Es stellt sich also die Frage nach den Fähigkeiten, die wir benötigen, um die Einheit des Lebens so zu verstehen, dass wir die dafür erforderliche Authentizität zur Einheit des Lebens und Aufhebung der Entfremdung von unseren ökologischen Wurzeln für ein entsprechendes Werten und Handeln erlangen.

Die in Berlin lebende Fachärztin für Psychiatrie und Neurologie, Gerda Jun, nennt Menschen, die dafür die potenziellen Fähigkeiten bereits entwickelt haben, den Homo integralis. Sie schreibt: »Menschen mit dieser Charakterentfaltung sind keine absolute Seltenheit. Ein Vollkommenheitsanspruch besteht nicht; aber aus ihrer inneren Potentialität haben sie sich als gesellschaftliche Wesen in sich selbst verwirklicht, beispielsweise diese Haltungs- und Verhaltenspotenzen: (1) aus dem Archaischen: Zuverlässigkeit, Sachlichkeit, Ausdauer, Ordnungssinn, Fleiß, Disziplin; Konsequenz und Gerechtigkeit; (2) aus dem Dynamischen: Risikobereitschaft, Flexibilität, Initiative; Humor, Schönheitssinn und Toleranz; (3) aus dem Emotiven: Mitgefühl, Güte, Hilfsbereitschaft; Taktgefühl, Freundlichkeit und Friedfertigkeit; (4) aus dem Kontemplativen: autonomes Denken und Werten, Kritikfähigkeit, Wahrheitssuche und Kreativität« (2006, S. 167 – 168). Nach ihr müssen wir lernen, diese »inneren Ressourcen« zu entdecken und sie für die Einheit des Lebens und für das dafür benötigte Weltbewusstsein abzurufen.

Menschen, die nach dem *Prinzip Fortschritt* werten und handeln, reichern ihr Leben mit Sinn an – sie verbinden es bestmöglich mit der Einheit des Lebens. Damit stellen sie ihr Leben ganz persönlich in einen größeren Kontext, der in sich sinnvoll ist und nicht vom Denken und Handeln anderer abhängig ist. Sie erliegen nicht dem »Totschlagsargument«, dass sich erst andere oder gar die Gesellschaft ändern müssen, bevor sie nach dem *Prinzip Fortschritt* handeln, dass sie zumindest an die Einheit des Lebens annähert oder sie bestenfalls mit ihr verbindet. Sie wissen, dass gesellschaftlicher Fortschritt nicht mehr die Attribute beinhalten darf, die zur globalen Krise führten. Sie wissen auch, dass sie, weil sie im noch dominierenden Fortschrittsmuster eingebunden sind, vieles überhaupt nicht leisten können und sehr viel nach wie vor falsch machen, was für ein nachhaltiges Fortschrittsmuster notwendig wäre. Aber sie haben erkannt, dass für eine Zukunft, die gelingen soll, nicht Expansion, sondern Begrenzung, nicht Nationalismus, sondern Weltbürgertum, nicht Patriotismus, sondern Weltbewusstsein, nicht Dogmatismus, sondern Freiheit im Denken, nicht Trennendes, sondern Verbindendes, nicht Quantität, sondern Qualität erforderlich sind. Schließlich lehnen sie die Mythen ab, die das dominierende Fortschrittsmuster erzeugte und pflegt. Sie wissen, dass sie selbst zu einem Teil der Lösung der bestehenden globalen Krise werden müssen.

LITERATURNACHWEISE

AGENDA 21 im Internet: http://www.bmu.de/nachhaltige_entwicklung/agenda_21/doc/2560.php
Allgemeine Erklärung der Menschenrechte. Verkündet von der Generalversammlung der Vereinten Nationen am 10. Dezember 1948. Hg. und mit dreißig Radierungen von Christoph Meckel. Insel-Bücherei Nr. 1114. Frankfurt/Main: Insel Verlag, 1983.
Amnesty International (2007): *Jahresbericht 2007.* Frankfurt/Main: Fischer Taschenbuch Verlag.
Arendt, Hannah (2005): *Macht und Gewalt.* Frankfurt/Main und Wien: Büchergilde Gutenberg.

Bahr, Ehrhard (2006): *Was ist Aufklärung?* Stuttgart: Philipp Reclam jun.
Bauman, Zygmunt (2003): *Flüchtige Moderne.* Frankfurt/Main: Suhrkamp.
Bauman, Zygmunt (2005): »Wenn Menschen zu Abfall werden«. In: *Die Zeit*, Nr. 47, 17.11.2005, S. 65 – 66.
Beck, Ulrich 1986. *Risikogesellschaft. Auf dem Weg in eine andere Moderne.* Frankfurt/Main: Suhrkamp.
Bloch, Ernst (1979): *Das Prinzip Hoffnung.* Frankfurt/Main: Suhrkamp.
Brugger, Walter (1985): *Philosophisches Wörterbuch.* Freiburg im Breisgau: Herder.

Capra, Fritjof (1996): *Lebensnetz. Ein neues Verständnis der lebendigen Welt.* Bern, München und Wien: Scherz.
Croll, Peter J. (2007): »Der Trend weltweiter Aufrüstung hält an«. In: Wissenschaft & Frieden, 3/2007, S. 5, Marburg: BdWi-Verlag.

Deutsche Stiftung Weltbevölkerung (2006): »DSW-Datenreport 2006. Soziale und demographische Daten zur Weltbevölkerung«. Hg. Deutsche Stiftung für Weltbevölkerung (DSW), Göttinger Straße 115, D-30459 Hannover.
Deutscher Bundestag: Plenarprotokoll 13/80 vom 18.01.1996, Seite: 07055.
Diamond, Jared (2006): *Kollaps. Warum Gesellschaften überleben oder untergehen.* Frankfurt/Main: S. Fischer.

Eberlei, Walter (2003): »Armut und Armutsbekämpfung«. In: *Stiftung Entwicklung und Frieden. Globale Trends 2004/2005. Fakten, Analysen, Prognosen.* Hg. von Ingomar Hauchler et al. Frankfurt/Main: Fischer Taschenbuch Verlag.
Etzold, Helmut (2007): »Werte für eine gelingende Welt«. In: BLICKPUNKT ZUKUNFT Ausgabe 47/48, Februar 2007, S. 5 – 9. Münster: Gesellschaft für Zukunftsmodelle und Systemkritik e.V. – GZS.

Flechtheim, Ossip K. (1987): *Ist die Zukunft noch zu retten?* Hamburg: Hoffmann und Campe.
Freud, Sigmund (1994): *Das Unbehagen in der Kultur.* Frankfurt/Main: Fischer Taschenbuch Verlag.
Fromm. Erich (1980): *Die Kunst des Liebens.* Stuttgart: Deutsche Verlags-Anstalt.
Fromm, Erich (2000): *Authentisch leben.* Hg. von Rainer Funk. Freiburg: Herder.
Fues, Thomas (2006): »Soziale Entwicklung in Zeiten der Globalisierung«. In: *Globale Trends 2007. Frieden Entwicklung Umwelt.* Hg. von Tobias Debiel, Dirk Messner und Franz Nuscheler. Frankfurt/Main: S. Fischer.

Galtung, Johan (1994): *Menschenrechte – anders gesehen.* Frankfurt/Main: Suhrkamp Verlag.
Giddens, Anthony (2001): *Entfesselte Welt. Wie die Globalisierung unser Leben verändert.* Frankfurt/Main: Suhrkamp Verlag.
Gore, Al, Richard Barth und Thomas Pfeiffer (2006): *Eine unbequeme Wahrheit. Die drohende Klimakatastrophe und was wir dagegen tun können.* München: Riemann Verlag.
Gössner, Rolf (2006): »Bürgerrechte in Zeiten des Terrors«. In: *Neues Deutschland,* 11. September 2006.
Gould, Stephen Jay (2004): *Illusion Fortschritt. Die vielfältigen Wege der Evolution.* Frankfurt/Main: Fischer Taschenbuch Verlag.

Hauff, Volker, Hg. (1987): *Unsere gemeinsame Zukunft. Der Brundtland-Bericht der Weltkommission für Umwelt und Entwicklung.* Greven: Eggenkamp.
Heine, Heinrich (1968): *Sämtliche Schriften. Dritter Band.* Hg. von Klaus Briegleb. Stuttgart: Deutscher Taschenbuch Verlag.
Hirn, Wolfgang (2005): *Herausforderung China. Wie der chinesische Aufstieg unser Leben verändert.* Frankfurt/Main: S. Fischer Verlag.
Hirsi Ali, Ayaan (2005): *Ich klage an. Plädoyer für die Befreiung der muslimischen Frauen.* München: Piper.
Horkheimer, Max und Theodor W. Adorno (1969): *Dialektik der Aufklärung. Philosophische Fragmente.* Frankfurt/Main: S. Fischer.

Ihlau, Olaf (2006): *Weltmacht Indien.* München: Siedler Verlag.
INKOTA-Brief 132, Juni 2005, Berlin: INKOTA-Netzwerk e.V., Greifswalder Str. 33a, D-10405 Berlin.

Jonas, Hans (1979): *Das Prinzip Verantwortung.* Frankfurt/Main: Suhrkamp.
Jun, Gerda (2006): *Unsere inneren Ressourcen. Mit eigenen Stärken und Schwächen richtig umgehen.* Göttingen: Vandenhoeck & Ruprecht.

Kafka, Peter (1994): *Gegen den Untergang. Schöpfungsprinzip und globale Beschleunigungskrise.* München und Wien: Carl Hanser Verlag.
Kant, Immanuel (1995): *Kritik der reinen Vernunft 1.* Hg. von Wilhelm Weischedel. Frankfurt/Main: Suhrkamp.

Kant, Immanuel (1995): *Kritik der reinen Vernunft 2*. Hg. von Wilhelm Weischedel. Frankfurt/Main: Suhrkamp.

Kersebaum, Sabine (2005): »Powered by Emotions«. In: Gehirn & Geist, 10/2005, S. 32 – 35.

Kolonko, Petra (2007): »Der Umzug der vier Millionen«. In: Frankfurter Allgemeine Zeitung, 17.10.2007, Nr. 241, S. 3.

Kreibich, Rolf (2006): *Perspektiven für ein nachhaltiges Regierungsprogramm in Deutschland. ArbeitsBericht Nr. 21/2006*. Berlin: Institut für Zukunftsstudien und Technologiebewertung – IZT, Schopenhauerstr. 26, D-14129 Berlin.

Küng, Hans (1990): *Projekt Weltethos*. München: Piper.

Küstenmacher, Werner, Lothar J. Seiwert und Tiki Küstenmacher (2004): *Simplify your life. Einfacher und glücklicher leben*. Frankfurt/Main: Campus.

Kymlicka, Will (2000): *Multikulturalismus und Demokratie. Über Minderheiten in Staaten und Nationen*. Frankfurt/Main: Edition Büchergilde.

Laszlo, Ervin (1989): *Global denken. Die Neu-Gestaltung der vernetzten Welt*. Rosenheim: Horizonte Verlag.

Latif, Mojib (2005): »Verändert der Mensch das Klima?«. In: *Die Zukunft der Erde. Was verträgt unser Planet noch?* Hg. von Ernst Peter Fischer und Klaus Wiegandt. Frankfurt/Main: Fischer Taschenbuch Verlag.

Luhmann, Niklas (1996): *Die Realität der Massenmedien*. Opladen: Westdeutscher Verlag.

Lüpke, Geseko v. (2003): *Die Alternative. Wege und Weltbild des Alternativen Nobelpreises. Pragmatiker, Pfadfinder, Visionäre*. München: Riemann Verlag.

Martens, Jens (2005): »Das neue Mantra der Entwicklungspolitik«. In: INKOTA-Brief 132, Juni 2005, S. 5 – 9. Berlin: INKOTA-Netzwerk e.V., Greifswalder Str. 33a, D-10405 Berlin.

Meadows, Dennis et al. (1972): *Die Grenzen des Wachstums. Bericht des Club of Rome zur Lage der Menschheit*. Stuttgart: Deutsche Verlags-Anstalt.

Meadows, Donella, Jørgen Randers und Dennis Meadows (2006): *Grenzen des Wachstums. Das 30-Jahre-Update. Signal zum Kurswechsel*. Stuttgart: S. Hirzel Verlag.

Mittelstaedt, Werner (1988): *Wachstumswende. Chance für die Zukunft*. München: Wirtschaftsverlag Langen-Müller/Herbig.

Mittelstaedt, Werner (1993): *Zukunftsgestaltung und Chaostheorie. Grundlagen einer neuen Zukunftsgestaltung unter Einbeziehung der Chaostheorie*. Frankfurt/Main et al.: Peter Lang.

Mittelstaedt, Werner (1997): *Der Chaos-Schock und die Zukunft der Menschheit*. Frankfurt/Main et al.: Peter Lang.

Mittelstaedt, Werner (2000): *Frieden, Wissenschaft, Zukunft 21. Visionen für das neue Jahrhundert*. Frankfurt/Main et al.: Peter Lang.

Mittelstaedt, Werner (2000b): »Abriss über Verantwortung und Ethik in Wissenschaft und Technik«. In: ETHICA. Wissenschaft und Verantwortung, 8 – 2000 – 2, S. 139 – 155. Hg. von Andreas Resch. Innsbruck: Resch Verlag.

Mittelstaedt, Werner (2004): *Kurskorrektur. Bausteine für die Zukunft.* Frankfurt/Main: Edition Büchergilde.

Münz, Rainer (2005): »Weltbevölkerung und weltweite Migration«. In: *Die Zukunft der Erde. Was verträgt unser Planet noch?* Hg. von Ernst Peter Fischer und Klaus Wiegandt. Frankfurt/Main: Fischer Taschenbuch Verlag.

Nida-Rümelin, Julian (2006): *Humanismus als Leitkultur. Ein Perspektivenwechsel.* Hg. von Elif Özmen. München: Verlag C.H. Beck.

Postman, Neil (1999): *Die zweite Aufklärung. Vom 18. ins 21. Jahrhundert.* Frankfurt/Main und Wien: Büchergilde Gutenberg.

Publik-Forum (2006): »Publik-Forum Dossier. Abenteuer Spiritualität«. Oberursel: Publik-Forum. Zeitung kritischer Christen.

Rawls, John (1979): *Eine Theorie der Gerechtigkeit.* Frankfurt/Main: Suhrkamp.

Rorty, Richard (2003): *Wahrheit und Fortschritt.* Frankfurt/Main: Suhrkamp.

Sabet, Huschmand (2005): *Globale Maßlosigkeit. Der (un)aufhaltsame Zusammenbruch des globalen Mittelstands.* Düsseldorf: Patmos.

Safranski, Rüdiger (2004): *Wieviel Globalisierung verträgt der Mensch?* Frankfurt/Main und Wien: Büchergilde Gutenberg.

Saro-Wiwa, Ken (1996): *Flammen der Hölle. Nigeria und Shell: Der schmutzige Krieg gegen die Ogoni.* Reinbek bei Hamburg: Rowohlt.

Scheen, Thomas (2006): »China rollt den afrikanischen Kontinent auf«. In: Frankfurter Allgemeine Zeitung im Internet: FAZ.NET, 12.05.2006.

Schuhmacher, Andrea (2006): »Die Macht der grausamen Bilder«. In: bild der wissenschaft, 9/2006, S. 85 – 88.

Schulze, Gerhard (2003): *Die beste aller Welten. Wohin bewegt sich die Gesellschaft im 21. Jahrhundert.* München: Carl Hanser Verlag.

Schumacher, Ernst Friedrich (1973): *Small is Beautiful.* London: Blond & Briggs.

Senghaas, Dieter (1976): »Die Struktur und Entwicklungsdynamik der internationalen Gesellschaft«. In: *Wachstum bis zur Katastrophe? – Pro und Contra zum Weltmodell.* Hg. von Horst-Eberhard Richter. Stuttgart: Deutsche Verlagsanstalt.

Sennett, Richard (1998): *Der flexible Mensch.* Frankfurt/Main und Wien: Büchergilde Gutenberg.

Sennett, Richard (2005): *Die Kultur des neuen Kapitalismus.* Frankfurt/Main und Wien: Büchergilde Gutenberg.

Stiftung Entwicklung und Frieden (2003): *Globale Trends 2004/2005. Fakten, Analysen, Prognosen.* Hg. von Ingomar Hauchler et al. Frankfurt/Main: Fischer Taschenbuch Verlag.

Strasser, Johano (2005): *Kopf oder Zahl. Die deutschen Intellektuellen vor der Entscheidung.* Frankfurt/Main und Wien: Büchergilde Gutenberg.

TAZ-Verlag (2006): *Atlas der Globalisierung. Die neuen Daten und Fakten zur Lage der Welt.* Berlin: TAZ-Verlag.

Thich Nhât Hanh (1997): *Worte der Achtsamkeit.* Hg. von Adelheid Meutes-Wilsing und Judith Bossert. Freiburg im Breisgau: Herder.

Vaas, Rüdiger (2007): »Lohnender Luxus. Religiosität ist kein überflüssiger Aufwand, sondern hat evolutionsbiologische Vorteile« In: bild der wissenschaft, 2/2007, S. 34–41.

Vester, Frederic (2000): *Die Kunst vernetzt zu denken. Ideen und Werkzeuge für einen neuen Umgang mit Komplexität.* Stuttgart: Deutsche Verlags-Anstalt.

Weizsäcker, Ernst Ulrich von, Amory B. Lovins und L. Hunter Lovins (1995): *Faktor vier. Doppelter Wohlstand – halbierter Naturverbrauch. Der neue Bericht an den Club of Rome.* München: Droemer Knaur.

Werner, Klaus und Hans Weiss (2001): *Schwarzbuch Markenfirmen. Die Machenschaften der Weltkonzerne.* Wien und Frankfurt/Main: Franz Deuticke Verlagsgesellschaft.

Wilber, Ken (1999): *Eine kurze Geschichte des Kosmos.* Frankfurt/Main: Fischer.

Wilkinson, Helene (1997): »Kinder der Freiheit. Entsteht eine neue Ethik individueller und sozialer Verantwortung?«. In: *Kinder der Freiheit.* Hg. von Ulrich Beck. Frankfurt/Main: Suhrkamp Verlag.

Wilson, Edward O. (1998): *Die Einheit des Wissens.* Berlin: Siedler Verlag.

Wilson, Edward O. (2002): *Die Zukunft des Lebens.* Berlin: Siedler Verlag.

Wittgenstein, Ludwig (1996): *Tractatus Logico-Philosophicus. German text with an English translation en regard by C.K. Ogden.* First published 1922. London: Routledge & Kegan Paul Ltd.

Worldwatch Institute, Hg. (2002): *Zur Lage der Welt 2002. Worldwatch Institute Report in Kooperation mit GERMANWATCH. Zukunftsfähige Gestaltung der Globalisierung. Strategien für eine nachhaltige Klimapolitik.* Frankfurt/Main: Fischer Taschenbuch.

Wright, Ronald (2006): *Eine kurze Geschichte des Fortschritts.* Reinbek bei Hamburg: Rowohlt Verlag.

DANK

Zum Gelingen meines siebten Buches hat wieder einmal meine Frau Mechthild mit viel Engagement und enormer Geduld beigetragen. In den knapp vier Jahren, in denen ich die Ideen für dieses Buch zu Papier gebracht habe, hat sie mich in allen Manuskriptfragen hervorragend beraten. Sie hat sämtliche Texte mehrfach überprüft und sie mit mir zum Teil kontrovers diskutiert. Nach jeder Textkorrektur, die sie vorgenommen hat, wurde der Text besser. Dafür muss ich ihr ganz besonders danken. Besonderer Dank geht auch an Dr. Hermann Ühlein von der Peter Lang Verlagsgruppe. Er hat mich bei allen Fragen zum Buch hervorragend beraten. Für die gute Zusammenarbeit gilt mein Dank auch den Mitarbeiterinnen und Mitarbeitern der Peter Lang Verlagsgruppe.

Außerdem haben mich Menschen mit den unterschiedlichsten Wissenszugängen beim Schreiben dieses Buches unterstützt. Sie haben einzelne Passagen oder den ganzen Text des Manuskripts gelesen und mit kritischen Anmerkungen und Anregungen zur Verbesserung seines Inhalts beigetragen. Es waren Marianne und Klaus Strodthoff, meine Schwester Karin und mein Bruder Peter. Ihnen möchte ich an dieser Stelle noch einmal danken.

Peter Lang · Internationaler Verlag der Wissenschaften

Hermann Schwengel (Hrsg.)

Wer bestimmt die Zukunft?
Wie die Verantwortlichen aus Politik, Wirtschaft und Gesellschaft die Weichen für eine gute gesellschaftliche Entwicklung stellen können

Frankfurt am Main, Berlin, Bern, Bruxelles, New York, Oxford, Wien, 2005.
135 S.
ISBN 978-3-631-52912-6 · br. € 19.80*

Wer definiert die Zukunft? – der Band geht dieser Frage in drei Perspektiven nach. Am Anfang steht die klassische Frage, was wir aus der Geschichte lernen können. Die Wissenschaften sind zu solchen Lernprozessen in der Lage, wobei in diesem Band insbesondere die Geschichtswissenschaft und die Soziologie im Blickpunkt stehen. Wir benötigen einen Zugang zu unserer Gegenwart und Zukunft, der uns erlaubt, auf gewinnbringende Art die Zukunft zu strukturieren. Des Weiteren spielen sich wichtige Zukunftsentscheidungen in Unternehmen ab, weshalb der Begriff der Innovationsprozesse mit Blick auf Managementtrends und Kommunikationsformen in den Unternehmen präzisiert wird. Gewerkschaften, die Unternehmen und ihre Verbände sowie die Politik im weiten Begriffssinn können dazu beitragen, die Zukunft zu definieren. Hier werden die Möglichkeiten strategischer Kommunikation ausgelotet.

Aus dem Inhalt: *H. Schwengel*: Wer definiert die Zukunft? Die Gliederung der Vergangenheit im Zeichen der Globalisierung · *P. Bender*: USA und Europa, Rom und Griechenland · *D. Mertens*: Die Renaissance und die *Renaissancefähigkeit* der Gesellschaft · *H.-J. Gehrke*: Griechen, Römer und die Erneuerung von Zivilisationen · *H. Rust*: Über den Wandel von Managementkonzepten · *B. Priddat*: Organisationen als differente Lernarenen · *E. Voscherau*: Die BASF in der politischen Öffentlichkeit · *M. Vassiliadis*: Strategische Kommunikation in Organisationen – Das Beispiel der IGBCE · *H. Schwengel/K.-W. West*: Strategische Kommunikation in der Kommunikationsgesellschaft

Frankfurt am Main · Berlin · Bern · Bruxelles · New York · Oxford · Wien
Auslieferung: Verlag Peter Lang AG
Moosstr. 1, CH-2542 Pieterlen
Telefax 00 41 (0) 32 / 376 17 27

*inklusive der in Deutschland gültigen Mehrwertsteuer
Preisänderungen vorbehalten

Homepage http://www.peterlang.de